Florencia Isabel Chacón
Nancy Roxana Vera
Josefina Grignola

LAPACHO (Handroanthus impetiginosus)

Florencia Isabel Chacón
Nancy Roxana Vera
Josefina Grignola

LAPACHO (Handroanthus impetiginosus)

Evaluación fitoquímica y su potencial actividad biológica

Editorial Académica Española

Imprint

Any brand names and product names mentioned in this book are subject to trademark, brand or patent protection and are trademarks or registered trademarks of their respective holders. The use of brand names, product names, common names, trade names, product descriptions etc. even without a particular marking in this work is in no way to be construed to mean that such names may be regarded as unrestricted in respect of trademark and brand protection legislation and could thus be used by anyone.

Cover image: www.ingimage.com

Publisher:
Editorial Académica Española
is a trademark of
Dodo Books Indian Ocean Ltd. and OmniScriptum S.R.L publishing group

120 High Road, East Finchley, London, N2 9ED, United Kingdom
Str. Armeneasca 28/1, office 1, Chisinau MD-2012, Republic of Moldova, Europe
Managing Directors: Ieva Konstantinova, Victoria Ursu
info@omniscriptum.com

Printed at: see last page
ISBN: 978-620-0-03280-5

Copyright © Florencia Isabel Chacón, Nancy Roxana Vera, Josefina Grignola
Copyright © 2025 Dodo Books Indian Ocean Ltd. and OmniScriptum S.R.L publishing group

ABREVIATURAS

%: tanto por ciento

%AA: porcentaje de actividad antioxidante

µl: microlitro

µM: micromolar

·OH: radical hidroxilo

A_{0c}: absorbancia a tiempo cero del control

A_{0m}: absorbancia a tiempo cero de la muestra

A_{120c}: absorbacia a tiempo final del control

A_{120m}: absorbancia a tiempo final de la muestra

AcOEt: acetato de etilo

$AlCl_3$: cloruro de aluminio

APG: medio de cultivo agar papa glucosa

BN: bosque nativo

C: control

CCF: cromatografía de capa fina

CH_4: metano

$CHCl_3$: cloroformo

CIM: concentración inhibitoria minima

CL_{50}: concentración letal media

cm: centímetro

CO: monóxido de carbono

CO_2: dióxido de carbono

DNA: ácido desoxirribonucleico

DPPH: 2,2-diphenyl-1-picrylhydrazyl

EAG: equivalentes ácido gálico

EC_{50}: concentración efectiva media

EIA: evaluación de impacto ambiental

EQ: equivalentes quercetina

EROs: especies reactivas del oxígeno

ES: extracto seco

FARN: fundación ambiente y recursos naturales

FC: Folin-Ciocalteu

G: ácido gálico

g: gramo

GEI: gases de efecto invernadero

h: hora

H$_2$O$_2$: peróxido de hidrógeno

ha: hectárea

HCl: ácido clorhídrico

HCN: ácido cianhídrico

HSC: huerto semillero clonal

Km: kilómetro

Km^2: kilómetro cuadrado

m: metro

m^3: metro cúbico

MAB: programa del hombre y la biosfera

mg: miligramo

min: minutos

ml: mililitro

mm: milímetro

msnm: metros sobre el nivel del mar

N: normalidad

nm: nanómetro

NOA: noroeste argentino

°: grado

O$_2$: oxígeno molecular

O$_2\cdot$: radical superóxido

°C: grado celsius

OTBN: ordenamiento territorial de bosques nativos

p/v: peso en volúmen

ppm: partes por millón

Q: quercetina

RBYungas: reserva de biosfera de las yungas

Rf: relación de frentes

RL: radical libre

S: switch

SM: solución madre

SMC: suspensión madre de conidios

SOD: superóxido dismutasa

SP: selva pedemontana

t: tonelada

UNESCO: organización de las naciones unidas para la educación, la ciencia y la cultura
UV: ultravioleta
UV-B: ultravioleta de onda corta
v/v: volúmen en volúmen
WWF: fondo mundial para la naturaleza
µg: microgramo

Índice

RESUMEN

Las Yungas o Selva Tucumano-Boliviana es una ecoregión del noroeste de Argentina (NOA) que comprende las sierras sub-andinas de Jujuy, Salta, Tucumán y el norte de Catamarca. Se caracteriza por un gradiente altitudinal con distintas franjas o pisos de vegetación adaptados a las diferentes condiciones ambientales. La Selva Pedemontana (SP) representa la franja altitudinal de bosque más baja, entre 400 y 700 msnm y cumple un papel ecológico destacable en el contexto de las Yungas, ya que no sólo presenta una alta diversidad biológica, sino que además sirve de refugio a especies de otros pisos altitudinales de la selva de montaña. Dada su situación geográfica, entre dos ecosistemas regionales contrastantes como las Yungas húmedas y el Chaco seco, la SP es el eje del desarrollo urbano en la región y por este motivo ha estado sujeta a una explotación forestal selectiva muy intensa, no planificada con criterios de sustentabilidad económica y ambiental. Esto ha llevado a que, en la actualidad, se encuentren estructuralmente empobrecidas y simplificadas, y que en grandes extensiones de selva, los ejemplares con alto valor forestal hayan disminuido o prácticamente desaparecido.

Entre las especies nativas de la SP que han visto disminuidas sus poblaciones como resultado de la actividad humana se encuentra *Handroanthus impetiginosus*, comúnmente conocido como lapacho rosado. Un árbol perteneciente a la familia de las Bignoniaceae nativo del centro y sur de América, donde presenta un amplio rango de distribución. Su madera es de las de mayor demanda y valor en el mercado forestal. Es apreciada por su belleza, calidad y durabilidad a la intemperie. Es muy utilizado en arbolado urbano, paisajismo y programas de restauración de áreas degradadas. Su corteza es utilizada en productos medicinales. La misma tiene propiedades antiinflamatorias, antimicrobianas, diuréticas y anticancerígenas, y las hojas se han utilizado como astringentes externos y agentes antisépticos. Sin embargo, un factor limitante en el uso de especies nativas es que no están domesticadas, por lo tanto es escasa la información que se tiene sobre ellas. El INTA, mediante el Programa Nacional Forestal se encuentra trabajando en proyectos de domesticación y conservación de especies forestales nativas, una de ellas es *H. impetiginosus*. Para esto es imprescindible generar información sobre esta especie. De esta forma, surge el objetivo del presente trabajo que consiste en evaluar las características fitoquímicas de extractos etanólicos de hojas de diez poblaciones naturales de *H. impetiginosus* del NOA, con el fin de generar información científica valiosa respecto a sus propiedades confiriéndole valor agregado, y de esta manera contribuir en el proceso de domesticación y conservación de la especie.

Se evaluó la presencia de metabolitos secundarios, y los mismos se determinaron cuantitativamente mediante análisis espectrofotométricos y se compararon sus perfiles fitoquímicos por cromatografía en capa fina. Por otro lado se determinó la actividad antioxidante por dos métodos: depuración de DPPH e inhibición de peroxidación lipídica. También se evaluó la actividad antifúngica frente a *Penicillium digitatum* y *Botrytis cinerea,* hongos fitopatógenos. Finalmente, evaluamos la citotoxicidad de los extractos, empleando como modelo *Artemia salina*, por su potencial uso como fitoterápicos o como aditivos alimentarios.

La evaluación fitoquímica permitió comprobar que no hay diferencias entre las poblaciones en el tipo de compuestos presentes en las hojas, pero sí en las cantidades de los mismos. Los diez extractos presentaron alta actividad depuradora de radicales libres y baja actividad inhibitoria de peroxidación lipídica. Ninguno de los extractos presentó citotoxicidad frente a *Artemia salina* a las dosis testeadas.

Además, si bien ninguno de los extractos inhibió el crecimiento de las cepas fúngicas evaluadas, se observó inhibición de la esporulación en *P. digitatum*. Este resultado incentiva ahondar en el mecanismo de acción de los compuestos activos presentes en los extractos sobre el hongo, en futuras investigaciones.

Nuestros resultados generan valor agregado a una especie forestal nativa y emblemática de la SP de las Yungas, ya que además de sus notables características estéticas para el paisajismo y su alto valor maderero en el mercado forestal, posee propiedades biológicas importantes que constituyen un punto de partida para avanzar hacia estudios con múltiples enfoques, teniendo en consideración que si bien las investigaciones sobre productos naturales generalmente persiguen un fin medicinal o alimentario, es conveniente dedicar esfuerzos también a su valor ecológico.

1. INTRODUCCION

1.1. Los bosques

Los bosques son redes complejas de organismos que incluyen plantas, animales, hongos y bacterias, y constituyen uno de los ecosistemas con mayor diversidad biológica. Ocho de cada diez especies habitan en los bosques alrededor del planeta, además de 300 millones de personas. Cubren aproximadamente el 30,6% de superficie de la Tierra, lo que corresponde a 3999 millones de ha (FAO, 2015).

A pesar de su importancia, constantemente son sometidos a procesos de deforestación, fragmentación, extracción, degradación y la consecuente pérdida de biomasa forestal. Estos procesos pueden ser por causas naturales (plagas, enfermedades, fenómenos climáticos extremos) o antrópicas. La deforestación es un cambio drástico del uso del suelo donde se pierde toda la cobertura forestal. La fragmentación es una consecuencia de la perdida de superficie de bosque e implica la pérdida de la continuidad espacial de los mismos. La extracción forestal consiste en la extracción selectiva de ejemplares de alto valor económico. La degradación se refiere a la transformación de los bosques por pérdida de biomasa, dando como resultado bosques empobrecidos que no poseen la misma estructura, composición, función o productividad y que por lo tanto ven comprometida su capacidad de proveer bienes y servicios ambientales y sociales (Gasparri y col., 2004).

Hasta hace un tiempo el valor que se les asignaba a los bosques era principalmente comercial y radicaba en su madera y los productos que con esta se podían obtener. Hoy en día la visión sobre el manejo de los mismos es multivalente, no solo como fuente productora de madera, sino también de productos forestales no madereros y como proveedor de servicios ambientales y culturales (Secretaria de Ambiente y Desarrollo Sustentable, 2005).

Entre los servicios ambientales y sociales figuran la conservación de la diversidad biológica, la captación y almacenamiento del carbono para mitigar el cambio climático mundial, la conservación de suelos y aguas, la generación de oportunidades de empleo y de actividades recreativas, la mejora de los sistemas de producción agrícola, la mejora de las condiciones de vida en los núcleos urbanos y periurbanos y la protección del patrimonio natural y cultural (FAO, 1999)

Los bosques también juegan un papel importante en la regulación del cambio climático, fijando gran parte del carbono liberado a la atmosfera por las actividades humanas en forma de gases de efecto invernadero (GEI) como dióxido de carbono (CO_2), y metano (CH_4) entre otros (A. Brown, 2009). Protegen los flujos de agua en las estaciones secas y controlan inundaciones, mantienen la calidad del agua minimizando la carga de nutrientes, químicos y salinidad, controlan la erosión del suelo y la sedimentación, y también mantienen hábitats acuáticos (Franquis y Infante, 2003; Laporte Bisquit y col., 2012). Los servicios de suministro están representados por todos los productos obtenidos de los bosques, incluyendo, los recursos genéticos, la madera, los alimentos, las fibras, y los productos farmacéuticos, bioquímicos, así como de energía y agua dulce (Laporte Bisquit y col., 2012). Finalmente los servicios culturales son los beneficios no materiales que las personas obtienen de los ecosistemas.

Los bosques son un recurso natural renovable, deben ser conservados y sobretodo restaurados. Su uso debe tender a la sustentabilidad, entendiéndose esta como el aprovechamiento de los recursos de tal forma que las futuras generaciones lo puedan seguir haciendo en la misma medida.

Un bosque nativo (BN) es todo aquel que se ha establecido sin la intervención del hombre, son sistemas vitales complejos que presentan una capacidad de auto renovación limitada (A. Brown, 2009).

1.2. Las Yungas

En Argentina existen aproximadamente 31 millones de hectáreas de bosques nativos, distribuidos principalmente entre unas 6 eco-regiones, ellas son: Bosques Patagónicos, Chaco Seco, Chaco Húmedo, Espinal, Selva Paranaense y Yungas, (figura 1) (Brown, 2009).

Figura 1. Mapa con las seis regiones fitogeográficas del país. Fuente: https://cyt-ar.com.ar/cyt-ar/index.php/Archivo:Regiones_forestales_Argentina.jpg

Las Yungas junto con la selva misionera representan menos del 2% del territorio nacional, sin embargo concentran aproximadamente el 50% de la biodiversidad total de especies del país (Secretaria de Ambiente y Desarrollo Sustentable, 2005).

Las Yungas, también conocida como Selva tucumano–boliviana, o Selva tucumano-oranense se encuentra en el límite sur de los Bosques Andinos Yungueños que se desarrollan sobre la vertiente oriental de los Andes y abarcan desde Colombia y Venezuela hasta el Noroeste de Argentina (NOA), donde se extiende desde los 23° a los 29° de latitud sur, desde el límite con Bolivia en el norte del país hasta el norte de Catamarca, abarcando las provincias de Tucumán, Salta y Jujuy (Brown y col., 2009; Bertoncello, 2013). Presenta una longitud de 600 km en sentido norte-sur y menos de 100 km de ancho, en un rango altitudinal entre los 400 y 3000 msnm y ocupa una superficie actual de 5,2 millones de ha (Lomáscolo y col., 2010)

Debido al fuerte gradiente altitudinal, la región está organizada en pisos de vegetación donde las especies se encuentran adaptadas a condiciones ambientales específicas (Lomáscolo y col., 2010), estos son: pastizales de neblina, bosque montano, selva montana y selva pedemontana.

11

Los ***Pastizales de neblina*** (2500 a 3500 msnm) se caracterizan por pastizales con árboles aislados, principalmente de Queñoa (*Polylepis australis*), las precipitaciones son abundantes al igual que las neblinas.

En el ***Bosque montano*** (1500 - 3000 msnm) se encuentran especies como Yoruma colorada (*Roupala meisneri*), Sauco (*Sambucus peruviana*), Pino del cerro (*Podocarpus parlatorei*), Nogal criollo (*Juglans australis*), y Palo yerba (*Ilex argentinum*), las lluvias son fuertes y las neblinas frecuentes.

La ***Selva Montana*** (700 - 1500 msnm) presenta especies como Tipa blanca (*Tipuana tipu*), Maroma (*Ficus maroma*), Cedro colla (*Cedrela lilloi*) y Laurel (*Cinnamomum porphyrium*). Aquí es donde ocurren las máximas precipitaciones pluviales y los principales disturbios son los deslizamientos de laderas.

Finalmente, la ***Selva Pedemontana*** (SP) abarca desde los 400 hasta los 700 msnm en el pedemonte y serranías de escasa altitud. Constituye la franja altitudinal con mayor valor forestal debido a la presencia de especies madereras de gran importancia tales como afata (*Cordia trichotoma*), cebil colorado (*Anadenanthera colubrina*), cedro orán (*Cedrela balansae*), lapacho rosado (*Handroanthus impetiginosus*), palo amarillo (*Phyllostilon rhamnoides*), palo blanco (*Calicophyllum multiflorum*), quina (*Myroxylon peruiferum*), roble salteño (*Amburana cearensis*) y urundel (*Astronium urundeuva*). Su cercanía a centros poblados y rutas de comunicación, sumado a su gran riqueza forestal, ha incrementado su degradación y transformación para actividades agrícolas (caña de azúcar, cítricos y cultivos hortícolas, entre otros) y ha generado mayor presión de incendios, cacería, y obtención de madera en forma insustentable, incluso de manera ilegal. Ello ha generado la actual situación en la cual representa el ambiente más amenazado de las Yungas. Es necesario identificar áreas prioritarias de conservación y adoptar en el corto plazo formas de utilización forestal compatibles con el mantenimiento de niveles adecuados de biodiversidad (Brown y col., 2013). En este sentido, la promulgación de un marco legal, como lo es la Ley Nacional N° 26.331 de Presupuestos Mínimos de Protección Ambiental de los Bosques Nativos, que incluye el ordenamiento territorial de los bosques nativos, es un avance en el manejo sustentable de la SP del NOA.

Por todo lo anterior, en la actualidad el gran reto consiste en compatibilizar actividades productivas que permitan lograr el desarrollo regional, con la conservación de los sistemas naturales y su biodiversidad tendiendo a que la transformación antrópica de los ecosistemas sea la mínima necesaria. Para cumplir estos objetivos las bases deberán ser el ordenamiento territorial de las áreas boscosas, la planificación de la actividad forestal a largo plazo, y la generación de información válida para conocer, manejar y monitorear los recursos naturales (Lomáscolo y col., 2010; Bertoncello, 2013).

1.3. Huerto semillero clonal (HSC) como herramienta de conservación *ex-situ*

La conservación *ex-situ* consiste en mantener germoplasmas fuera de sus ambientes originales y es una alternativa válida para el rescate y la conservación de poblaciones de especies amenazadas en sus ambientes naturales. Un HSC consiste en una plantación formada por material proveniente de poblaciones naturales, que es injertado y plantado en un lugar aislado para reducir el riesgo de polinización con fuentes extrañas. El objetivo de estos HSC es el de aumentar la variabilidad y calidad genética de la semilla producida y de esta forma proveer material mejorado a los productores forestales y disminuir la presión antrópica sobre los bosques, además se utilizarán en planes de restauración y conservación dentro del marco de la ley de bosques (Grignola y col., 2018).

Dentro del Programa Nacional Forestal, el INTA se encuentra trabajando en proyectos de domesticación y conservación de especies forestales nativas, entre ellas *Handroanthus impetiginosus*. La domesticación de las especies permite conocer aspectos relacionados a su manejo silvicultural, control de plagas, y enfermedades, entre otros.

Esta especie, además de tener uno de los precios más elevados en el mercado de la madera, es recomendada y utilizada en la restauración de áreas degradadas, pero al igual que otras especies nativas de las Yungas, sus poblaciones naturales han sido drásticamente reducidas (Grignola y col., 2018). Sumado a esto, si bien sus semillas poseen un alto poder germinativo, las mismas tienen muy corta viabilidad por lo tanto se ve afectada la regeneración natural (Balducci y col., 2009). A partir de esto, en el INTA EEA Famaillá se estableció un HSC con clones de individuos de *H. impetiginosus* de diez poblaciones de Jujuy, Salta y Tucumán, con el objetivo de conservar el material de forma *ex-situ* para su posterior estudio (figura 2) (Grignola y col., 2018).

1.4. *Handroanthus impetiginosus*. Características de la especie

Handroanthus impetiginosus (Mart. ex DC.) Mattos, comúnmente denominado Lapacho Rosado, son árboles que pertenecen a la familia *Bignoniaceae*, orden *Scrophulariales*, clase *Magnoliopsida*. La distribución natural en Argentina abarca las provincias de Catamarca, Chaco, Jujuy, Salta, y Tucumán. En las Yungas, se encuentra en la Selva Pedemontana y en la zona de transición con el Bosque Chaqueño (entre los 22° y 28° de Latitud Sur y entre 400 y 1000 msnm de altitud) (Grignola y col., 2018) (figura 3).

Es un árbol de dosel alto que alcanza alturas de 10 a 25 m, sus ramas muestran una notable dicotomía y su tronco tiene un diámetro que alcanza hasta 80 cm (figura 4). La corteza es muy dura, agrietada y difícil de desprender, de color castaño a rojizo oscuro. Presenta follaje caducifolio, con hojas digitadas y opuestas. Las flores son de gran tamaño, hermafroditas y tubulosas, campanuladas a infundibuliformes con una longitud de 4 cm, su coloración varía entre el rosado y el violeta y se encuentran agrupadas en panículas terminales (figura 5). Los frutos consisten en cápsulas delgadas que llegan a medir hasta 35 cm de longitud, son pubescentes, dehiscentes que contienen numerosas semillas aladas en su interior (Alonso, 2000; Zapater y col., 2009).

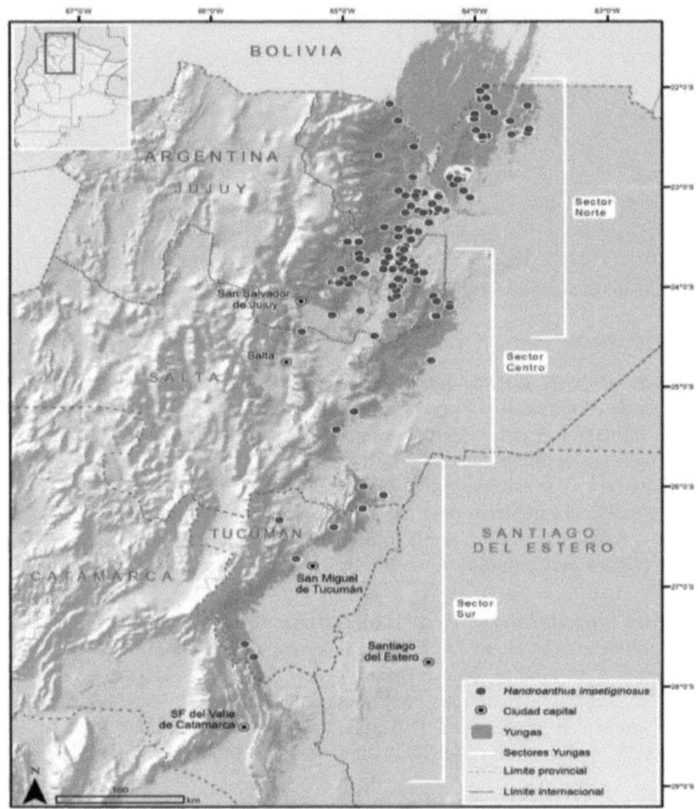

Figura 3. *Distribución de Handroanthus impetiginosus en las Yungas (Proyungas)*

Figura 4. *Handroanthus impetiginosus (Grignola, J. 2019)*.

14

Handroanthus impetiginosus es muy utilizado por la medicina tradicional y local como planta medicinal. La decocción de la corteza interna es muy utilizada para mitigar varias afecciones de la salud y en el tratamiento de distintas enfermedades, como infecciones bacterianas y fúngicas, fiebre, sífilis, malaria, úlceras, diabetes, prostatitis, alergias, tripanosomiasis, leishmaniasis, desordenes estomacales y de vejiga (Park y col., 2006; Gómez Castellanos y col., 2009; Teixeira y col., 2014).

Figura 5.Flores y hojas de Handroanthus impetiginosus. A y B: flores; C: hojas. (Grignola, J. 2019)

Por ejemplo, se encontró que el extracto de la corteza de *H. impetiginosus* tiene un efecto inhibitorio sobre la lipasa pancreática *in vitro* y favorece un retraso en el incremento posprandial de triglicéridos en el plasma (Kiage Mokua y col., 2012). En otro estudio, se encontró que las fracciones hexánicas y clorofórmicas obtenidas a partir de un extracto metanólico de la corteza interna presentaron fuerte actividad inhibitoria del crecimiento de *Helicobacter pylori* ATCC 43504 mediante el ensayo de difusión en discos a una concentración de 0,5 y 0,1 mg/disco respectivamente, la fracción etilacética mostró una fuerte actividad inhibitoria frente a esta cepa cuando se ensayó a una concentración de 5,0 mg/disco (Park y col., 2006). También, se encontró que el extracto etanólico de hojas de *H. impetiginosus* presenta actividad antibacteriana moderada frente a *Staphylococcus aureus* con una CIM ≥ 312,5 µg/ml, y actividad antibacteriana baja frente a *S. epidermidis* con CIM ≥ 625 µg/ml (Moreira Vasconcelos y col., 2014)

A pesar de las evidencias de efectos benéficos de las plantas, en su composición pueden encontrarse moléculas con efectos citotóxicos, genotóxicos o teratogénicos (Santos y col., 2008; Lemos y col., 2012). Un compuesto genotóxico es capaz de interactuar con las moléculas de DNA y alterar el ciclo celular conduciendo a la apoptosis e iniciando el proceso neoplásico (Santos y col., 2008). Por esta razón es de suma importancia estudiar fuentes vegetales con potenciales actividades beneficiosas, pero también realizar estudios de genotoxicidad o citotoxicidad que aseguren su inocuidad.

En este sentido, Lemos y col., (2012) evaluaron el efecto genotóxico de un extracto de flores de *H. impetiginosus* en células del hígado y sangre de ratas Wistar y encontraron que con dosis de más de 300 mg/kg se producía daño dosis dependiente notable en el DNA y que en células hepáticas el daño fue mayor. Por otro lado, otro grupo de investigadores determinó que la tintura a partir de la corteza no tenía efectos genotóxicos y reducía el efecto genotóxico de la doxorubicina, un agente quimioterápico (Boriollo y col., 2017).

1.5. Mecanismos de defensas de las plantas

Las plantas han desarrollado diversas estrategias de defensa físicas o químicas contra condiciones de estrés biótico y abiótico. A su vez éstas "defensas" pueden estar presentes en la planta (preformadas, preexistentes) o bien pueden ser *inducidas* ante una situación de estrés.

Los mecanismos de defensa físicos incluyen a la presencia de la pared celular, ceras, pelos, espinas etc., mientras que la defensa química está relacionada a la presencia o inducción de la síntesis de ciertos compuestos químicos denominados *metabolitos secundarios*.

1.5.1.   Barreras físicas

Las partes de las plantas que se encuentran expuestas a la atmósfera se encuentran cubiertas por capas de material lipídico con la función de reducir la perdida de agua y bloquear la entrada de patógenos. Estas cubiertas físicas son la cutícula, las ceras y la suberina, y están formadas por compuestos hidrofóbicos (Taiz & Zeiger, 2010). En el caso de los frutos, la ruptura de las mismas por heridas producidas durante la cosecha, el transporte, o durante el almacenamiento, es el principal factor que permite el ingreso de patógenos pos cosecha tales como *Penicillium digitatum* o *Botrytis cinerea* entre otros.

La cutícula es una estructura compuesta por varias capas y cubre la pared celular de las partes aéreas de las plantas. Está formada principalmente por cutina, una macromolécula compuesta por ácidos grasos de cadena larga unidos por uniones éster que forman una red tridimensional. Por su parte las ceras no son macromoléculas, sino mezclas complejas de acil-lípidos muy hidrofóbicos de cadena larga. La suberina es un polímero formado por ácidos grasos unidos por uniones éster, pero a diferencia de la cutina, también posee ácidos dicarboxílicos, y compuestos fenólicos. Se encuentra como componente principal de la pared celular de las partes subterráneas, se forma en los lugares de abscisión de hojas y también en áreas que han sido dañadas por enfermedades, o por heridas como las producidas en la cosecha. Las barreras vegetales como las cutículas y los tejidos suberizados son importantes para impedir la entrada de patógenos (Taiz & Zeiger, 2010).

1.5.2.   Barreras químicas. Metabolitos secundarios de las plantas

Los metabolitos secundarios son sustancias producidas por las plantas que si bien no tienen un papel directo en los procesos como fotosíntesis, respiración o síntesis de macromoléculas, son indispensables para la supervivencia de las mismas en un ambiente determinado. Actúan como defensa, o protección ante ataques externos o situaciones de estrés (Taiz y Zeiger, 2010).

Estos compuestos no se encuentran distribuidos en todo el reino vegetal como los metabolitos primarios, sino que están relacionados con una especie o un grupo de especies relacionadas. El metabolismo secundario es único, diverso, adaptativo y especifico de cada especie vegetal (Hartmann, 2007). Además, su composición y cantidad varía según la época del año, de un año a otro, entre distintas plantas, y entre los distintos órganos de una misma planta (Isah, 2019).

Algunos son responsables de atraer a animales que participan en la polinización y en la dispersión de las semillas, y estos a cambio repelen a ciertos predadores y protegen a las plantas constituyendo una interacción mutualista entre ellos y las plantas (Taiz y Zeiger, 2010). En la mayoría de los casos, los metabolitos secundarios, son los responsables de las acciones farmacológicas que poseen las plantas medicinales, o las drogas vegetales constituyendo los principios activos de las mismas (Bruneton, 2001). Los metabolitos secundarios se clasifican en tres clases:

Compuestos fenólicos

También llamados fenoles o polifenoles vegetales, constituyen un grupo químicamente heterogéneo de aproximadamente 10000 compuestos. En su estructura poseen al menos un anillo aromático con dos o más grupos hidroxilo (Almaraz-Abarca y col., 2006).

Se sintetizan a partir de dos principales rutas metabólicas: la ruta del shikimato, que origina directamente fenilpropanoides como los ácidos hidroxicinámicos; y la ruta del acetato, la cual produce fenoles simples y algunas quinonas, o por biogénesis mixta, mediante la ruta del malonato y del shikimato como en el caso de los flavonoides. Cumplen una variedad de roles en las plantas, actúan como defensa frente a patógenos y herbívoros, participan en el soporte mecánico, o como atrayentes de polinizadores o dispersadores de frutos y semillas (Taiz y Zeiger, 2010).

Se pueden clasificar en compuestos **fenólicos no flavonoides** (ácidos fenólicos, estilbenos, lignanos y alcoholes fenólicos) y compuestos **fenólicos flavonoides** (Quiñones y col., 2012). Dentro de los cuales se distinguen grupos notorios como antocianinas, taninos, flavonoles, flavonas e isoflavonas (Taiz y Zeiger, 2010).

La estructura base de un flavonoide se caracteriza por dos anillos de seis átomos de carbono unidos por un puente de tres carbonos, pueden tener diversos sustituyentes que modificaran sus propiedades y funciones (figura 6).

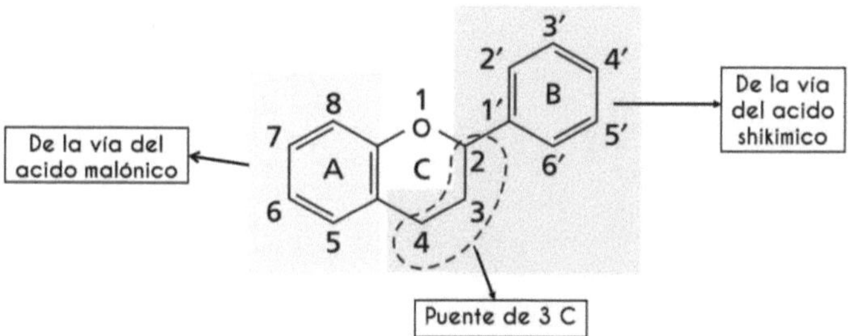

Figura 6.Estructura básica de los flavonoides

Los flavonoides principalmente actúan como defensas, como señales químicas, contra la infección por organismos fitopatógenos y participan en la pigmentación (Cartaya y Reynaldo, 2001; Taiz y Zeiger, 2010).

Las quinonas son compuestos fenólicos oxidados, donde los C-OH se oxidan a C=O. Se clasifican en benzoquinonas, naftoquinonas, y antraquinonas según estén formadas por uno, dos o tres anillos aromáticos respectivamente. Son moléculas electrofílicas muy reactivas que reaccionan con los grupos $-NH_2$ y $-SH$ de las proteínas (Taiz y Zeiger, 2010).

Los taninos son compuestos fenólicos poliméricos, dañinos para los herbívoros ya que tienen la capacidad de formar uniones inespecíficas con proteínas, entre ellas enzimas digestivas formando agregados difíciles de digerir en los intestinos lo que ocasiona efectos perjudiciales en la nutrición. También cumplen una función defensiva frente a bacterias y hongos. Aun así para los humanos son un compuesto deseable en varios alimentos al darles astringencia, por ejemplo en manzanas, uvas, y vinos, donde los taninos presentes están relacionados con sus efectos benéficos para la circulación sanguínea (Taiz y Zeiger, 2010).

Se clasifican en dos grandes grupos: **taninos hidrolizables y taninos condensados** (figura 7) (Porter, 1989). Los taninos condensados están formados por polimerización de unidades flavonoides, frecuentemente son constituyentes de plantas leñosas (Taiz y Zeiger, 2010). Presentan propiedades benéficas como inhibidores de la agregación plaquetaria, antioxidantes y bacteriostáticos (Vazquez-Flores y col., 2012). Los taninos hidrolizables son polímeros heterogéneos formados por ácidos fenólicos, especialmente ácido gálico, y azucares simples (Taiz y Zeiger, 2010). Al poseer un núcleo glucídico, son más susceptibles a hidrólisis en condición fisiológica permitiendo la liberación gradual de sus componentes primarios. Algunos, han mostrado propiedades como antioxidantes, antitumorales, antimutágenos, anti-diabéticos y antibióticos (Olivas-Aguirre y col., 2015).

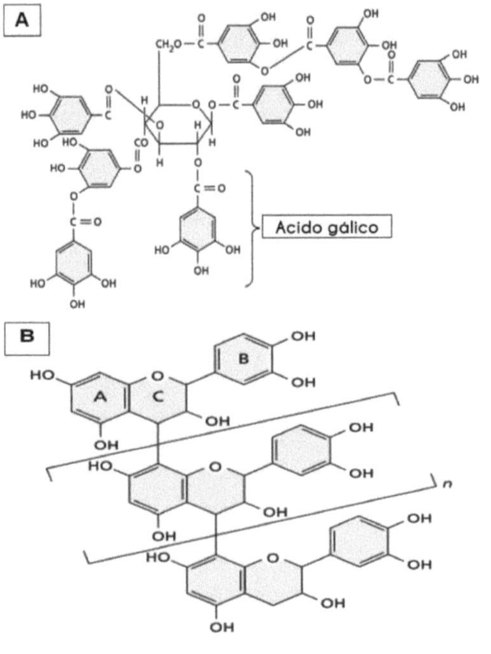

Figura 7. Estructuras básicas de los dos tipos de taninos; A: tanino hidrolizable; B: tanino condensado.

Terpenos
Los terpenos conforman el grupo más grande de metabolitos secundarios. Por lo general son insolubles en agua. Derivan de la unión de unidades de isopreno (5 átomos de carbono), y se clasifican según el número de unidades de isopreno que contengan: a) *Hemiterpenos*: C5, representado por el propio isopreno, este es extremadamente volátil y es liberado por los tejidos fotosintéticos activos; b) *Monoterpenos*: C10, contienen dos unidades de isopreno; c) *Sesquiterpenos*: C15, contienen tres unidades de isopreno; d) *Diterpenos*: C20, contienen cuatro unidades de isopreno; e) *Triterpenos*: C30, presenta seis unidades de isopreno; f) *Tetraterpenos*: C40, conteniendo ocho unidades de isopreno; g) *Politerpenos*: cuando poseen más de ocho unidades isoprenoides (Ávalos García y Pérez-Urria Carril,

2009; Taiz y Zeiger, 2010). Cumplen una función defensiva en las plantas al actuar como toxinas o elementos disuasivos para insectos y mamíferos que se alimentan de ellas. Algunas plantas contienen monoterpenos y sesquiterpenos volátiles llamados aceites esenciales que le otorgan un aroma característico y que poseen propiedades repelentes de insectos (Taiz y Zeiger, 2010).

Las plantas producen gran cantidad de estos compuestos y generalmente su acumulación y secreción está asociada a estructuras anatómicamente especializadas como tricomas glandulares, cavidades secretoras de hojas, epidermis glandular de pétalos de flores entre otros (Cseke y col., 2006).

Las saponinas, son glicósidos ampliamente distribuidos en los vegetales, cuya aglicona puede ser esteroidal o tripterpénica. Presentan propiedades surfactantes, detergentes, forman espuma al mezclarse con agua y pueden formar complejos con los esteroles, e impedir su absorción. Por este motivo, inicialmente fueron considerados componentes antinutricionales, sin embargo, hay evidencia de numerosos beneficios para la salud debido a su actividad adaptogénica, antiinflamatoria, antioxidante, antiespasmódica, antihelmíntica, hipocolesterolémica, e insecticida, entre otras (Guclu-Ustundag y Mazza, 2007; Taiz y Zeiger, 2010).

Compuestos nitrogenados

Este grupo incluye alcaloides, glucosinolatos, y glucósidos cianogénicos, compuestos que contienen un átomo de N que usualmente se encuentra como parte de un heterociclo. La mayoría son alcalinos, y al pH del citosol (7,2) o de la vacuola (5-6), el átomo de N se encuentra protonado confiriéndole solubilidad en agua. Los alcaloides por lo general se sintetizan a partir de uno o unos pocos aminoácidos como lisina, tirosina y triptófano. Actualmente se cree que su rol en las plantas consiste en actuar como defensa frente a predadores, especialmente mamíferos debido a su toxicidad general (Hartmann, 1992). El consumo de grandes cantidades de plantas conteniendo alcaloides puede provocar la muerte del ganado. En humanos se usan algunos alcaloides como la morfina, codeína y escopolamina, en dosis bajas con fines medicinales, sin embargo, en dosis altas son tóxicas.

Los glucósidos cianogénicos se encuentran ampliamente distribuidos en el reino vegetal. Estos metabolitos no son tóxicos por sí mismos, pero se descomponen fácilmente mediante un proceso enzimático liberando HCN cuando la planta es aplastada. Tienen una función protectora en ciertas plantas debido a que el HCN liberado es una toxina de acción rápida que inhibe enzimas clave de la respiración mitocondrial como la citocromo oxidasa (Taiz y Zeiger, 2010). Los glucosinolatos también experimentan un proceso de ruptura enzimática y liberan compuestos volátiles. Según las condiciones de la hidrólisis pueden liberar tiocianatos, isotiocianatos o nitrilos que presentan un efecto defensivo en las plantas. Tanto en el caso de los glucósidos cianogénicos como en los glucosinolatos, las enzimas degradativas, se encuentran espacialmente separadas de sus sustratos, por lo que la descomposición y liberación de sustancias tóxicas solo ocurre cuando la planta experimenta algún tipo de daño (Taiz y Zeiger, 2010).

Metabolitos secundarios en Handroanthus impetiginosus

Debido a todas las actividades biológicas de los metabolitos secundarios, se han conducido múltiples investigaciones con el objetivo de estudiar aquellos presentes en *H. impetiginosus*. Gran parte de la literatura refiere a moléculas aisladas a partir de la corteza, sin embargo también existen reportes, aunque escasos, de estudios en hojas y flores. Entre los compuestos bioactivos más notables se encuentran varias quinonas como el lapachol (2-hydroxy-3-(3-methyl-2-butenyl)-1,4-naphthoquinona), α-lapachona y β-lapachona (Gómez Castellanos y col., 2009; Hook y col., 2014), compuestos fenólicos flavonoides y no flavonoides, ácido benzoico y derivados, ciclopentenos dialdehídos y quininas (Sharma y col., 1988; Koyama y col., 2000; Gómez Castellanos y col., 2009)

1.6. Estrés oxidativo

El daño o estrés oxidativo consiste en la exposición de la materia viva a diversas fuentes que producen una ruptura del equilibrio que debe existir entre las sustancias o factores pro oxidantes (moléculas o radicales libres altamente reactivos) y los mecanismos de defensa antioxidantes encargados de eliminar dichas especies químicas. Estos procesos tienen lugar ya sea, por un déficit de estas defensas o por un incremento exagerado de la producción de especies reactivas del oxígeno; todo esto lleva a la activación de mecanismos de muerte celular programada (Gutiérrez, 2002)

El oxígeno es imprescindible para el normal metabolismo y las funciones de los organismos y, en condiciones normales, se encuentra en su forma más estable (O_2), siendo de esta manera poco reactivo, y con velocidad de reacción a temperatura fisiológica baja. Sin embargo por reacciones químicas, acciones enzimáticas o radiaciones ionizantes, se pueden producir sustancias pro oxidantes que dan lugar a múltiples reacciones con otros compuestos presentes en el organismo, que llegan a producir daño celular (Gutiérrez, 2002).

1.6.1. Radicales libres

Se conoce como radical libre (RL) a cualquier especie química, atómica o molecular, que posee uno o más electrones desapareados en sus orbitales más externos. Son extremadamente reactivos y presentan un tiempo de vida media muy corto, ya que tienden a estabilizarse cediendo o capturando electrones de moléculas del entorno, actuando de esa forma, como reductores u oxidantes respectivamente. La formación de RL es un proceso normal e inevitable, ya que son el producto de infinidad de reacciones químicas imprescindibles para la vida celular pero también están implicados en procesos que resultan en daño tisular (Slater, 1984, 1987). Se pueden producir de dos formas: a) Por radiación y b) Por reacciones rédox catalizadas por enzimas o metales de transición.

Las especies reactivas del oxígeno (EROs) son productos reactivos intermedios, radicales y no radicales, que se forman al reducirse el O_2. Se pueden formar intracelularmente o provenir de fuentes exógenas (contaminantes del aire, herbicidas, pesticidas y radiaciones) (Giacoponi de Zambrano, 2016; Machlin y Bendich, 1987).

Las plantas, al igual que todos los seres vivos, normalmente se encuentran expuestas a diversos factores de estrés bióticos (patógenos, nematodos, herbívoros) y abióticos (sequía, altas y bajas temperaturas, daños mecánicos, radiaciones UV), que afectan su fisiología, morfología y desarrollo. La sobreexposición a condiciones ambientales desfavorables induce la producción de EROs (Hung y col., 2005). Cuando la concentración de estas especies reactivas aumenta puede ocurrir daño oxidativo. Por esa razón, los organismos aeróbicos han desarrollado un sistema de defensa antioxidante constituido por moléculas antioxidantes endógenas (sistemas enzimáticos y sustancias de bajo peso molecular) que intervienen para evitar el daño oxidativo (Papas, 1996; Kohen y Nyska, 2002; Alam y col., 2013). Sumado al sistema antioxidante endógeno, existen moléculas exógenas con actividad antioxidante que se encuentran en vegetales y alimentos, y que pueden ser incorporadas mediante la dieta para contribuir en la defensa contra los daños producidos por las EROs.

La presencia de moléculas con actividad antioxidante en una especie vegetal le otorga valor agregado a la misma al permitir el potencial uso en alimentos, nutracéuticos, y en fórmulas medicinales o cosméticas con el objeto de hacerle frente al envejecimiento y las enfermedades degenerativas.

1.7. Enfermedades poscosecha de los cítricos

Las enfermedades poscosecha son aquellas que afectan a los frutos desde que son recolectados hasta que llegan al consumidor (Pássaro Carvalho y col., 2012). Los cítricos son el primer cultivo frutal en el mundo, cultivándose en más de cien países, en seis continentes (Saunt, 2000). En Argentina son el grupo de frutas de mayor producción, ubicándonos en el octavo lugar entre los diez principales productores mundiales de fruta cítrica con 3281 miles de toneladas producidas en el periodo 2017-2018. La provincia de Tucumán es la principal productora mundial de limón, el área cultivada para la actividad citrícola es de aproximadamente 40930 ha, de las cuales 95% se utilizan para el limón. Esta gran superficie se encuentra distribuida a lo largo de la zona pedemontana de las Yungas (Federcitrus, 2018).

Las pérdidas de frutas en etapas de pre y poscosecha estimadas en el país son de 15 % para naranjas, mandarinas y pomelos y de 12 % para limones (Federcitrus, 2018).

El mercado citrícola es muy dinámico y competitivo y cada vez exige mayores requisitos en cuanto a calidad e inocuidad de los frutos (Carbajo Romero y col., 2019), motivo por el cual las enfermedades poscosecha tienen un gran impacto en la economía local.

1.7.1. *Patógenos poscosecha*
<u>*Penicillium digitatum*</u>

Una de las principales enfermedades poscosecha que afectan a los cítricos causando graves pérdidas económicas es la podredumbre verde provocada por el hongo *Penicillium digitatum* (Carbajo Romero y col., 2019). Aproximadamente el 90% de las pérdidas de cítricos son causadas por este patógeno (Bazioli y col., 2019).

Esta enfermedad afecta a los frutos y solo se desarrolla si se presenta una herida por donde el patógeno pueda ponerse en contacto con los nutrientes que estimulan la germinación de las esporas. Lo primero que se observa es el ablandamiento del tejido y la formación de una zona acuosa que se va expandiendo, luego se cubre con micelio blanco que posteriormente cambia a color verde oliva durante la esporulación (figura 8). El micelio produce enzimas que son las encargadas de degradar la pared celular, provocando el deterioro del fruto (Ismail y Zhang, 2004). Las condiciones ambientales óptimas para el desarrollo de este hongo son humedad ambiental cercana al 80% y temperatura de 24 °C (Brown y Eckert, 1988; Ismail y Zhang, 2004).

Figura 8. Limón infectado con P. digitatum (podredumbre verde)

<u>*Botrytis cinerea*</u>

Es un hongo filamentoso, patógeno que afecta a cerca de 200 especies de plantas en regiones templadas y subtropicales, incluyendo importantes cultivos hortícolas. Las enfermedades causadas por este patógeno se pueden dar en campo, por penetración directa del hongo a través de la epidermis del tejido sano, mediante apresorio, por aberturas naturales como los estomas, o en la etapa poscosecha a traves de heridas en las cubiertas externas de las frutas (Coertze y Holz, 2002; Fourie y Holz, 1995). En la etapa poscosecha causa la podredumbre gris, que afecta a numerosos cultivos como uvas, manzanas, peras y varios cítricos (Harvey, 1978; Williamson y col., 2007; Romanazzi y Feliziani, 2014; Jhalegar y col., 2015). Los principales síntomas en hojas y frutos blandos comprenden tejidos que se ablandan y colapsan liberando agua, con la posterior aparición de masas grises debido a los conidios (Williamson y col., 2007; Romanazzi y Feliziani, 2014) (figura 9).

Los factores que favorecen la infección de los frutos con este patógeno son: presencia del inóculo, temperaturas cercanas a los 22 °C, altos niveles de humedad ambiental, y daños por heladas (Menge, 1988).

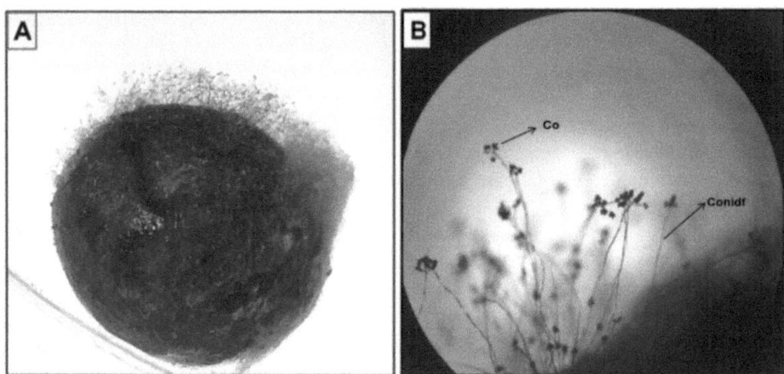

Figura 9. A: arándano con moho gris debido a Botrytis cinerea; B: Botrytis cinerea. en arándano observada a través de lupa, se observan grupos de conidios (Co) en los extremos de los conidióforos (Conidf).

1.7.2. Estrategias de control

Las pérdidas económicas causadas por las enfermedades poscosecha en citricultura, son minimizadas mediante el tratamiento con fungicidas sintéticos como Imazalil, tiabendazol, pirimetanil, y fludioxonil (Bazioli y col., 2019). Este tipo de tratamiento es relativamente económico, fácil de aplicar, posee acción curativa frente a infecciones establecidas o pre-existentes y acción preventiva contra potenciales nuevas infecciones, algunos incluso tienen actividad antiesporulante (Palou y col., 2008). Sin embargo, el uso continuo y prolongado de los funguicidas sintéticos ha provocado la aparición de cepas resistentes, disminuyendo la eficacia de estos tratamientos, y llevando a los productores a tener que utilizar dosis más altas de estos productos. A causa de esto se ha incrementado la preocupación social por los efectos ambientales y los efectos adversos para la salud humana que pueden tener debido a su acumulación en los alimentos (Pássaro Carvalho y col., 2012; Chen y col., 2019).

El desafío actual consiste en encontrar métodos de control alternativos que sean efectivos, seguros, y comercialmente viables. Para esto, se han propuesto muchas alternativas como la aplicación de microorganismos antagonistas y sustancias antimicrobianas naturales. En cuanto a las sustancias naturales, los extractos vegetales, representan una alternativa relativamente segura, exhibiendo baja toxicidad y alto nivel de descomposición debido a su origen natural, lo que ha despertado un interés especial en el uso de estos productos. Sin embargo, para poder implementarlos como agentes de control, es necesario generar más conocimiento acerca de sus mecanismos de acción y efectividad en diferentes niveles de infección (Bazioli y col., 2019).

2. HIPÓTESIS Y OBJETIVOS

2.1. <u>Hipótesis</u>
Extractos etanólicos de hojas de diferentes poblaciones de *H. impetiginosus* de las Yungas Argentinas, contienen metabolitos secundarios valorables con actividad antioxidante y antimicrobiana frente a *Penicillium digitatum* y *Botrytis cinerea*.

2.2. <u>Objetivo general</u>
Caracterizar, evaluar diferencias fitoquímicas, y determinar actividad antioxidante y antimicrobiana de diferentes extractos etanólicos, obtenidos a partir de hojas de diferentes poblaciones de *H. impetiginosus* del Noroeste de Argentina.

2.3. <u>Objetivos específicos</u>
- Obtener extractos etanólicos a partir de hojas de diez poblaciones diferentes de *H. impetiginosus* de un HSC.
- Realizar un screening fitoquímico preliminar para evaluar cualitativamente la presencia de distintos tipos de metabolitos secundarios en los extractos etanólicos.
- Determinar el contenido de compuestos fenólicos y no fenólicos totales de los extractos de cada población de *H. impetiginosus*.
- Realizar perfiles cromatográficos mediante cromatografía en capa fina (CCF) de los extractos etanólicos de cada población de *H. impetiginosus*.
- Determinar la actividad antioxidante de cada extracto mediante los métodos colorimétricos de depuración de DPPH y de blanqueo del β-caroteno.
- Determinar la citotoxicidad de los extractos etanólicos de cada población de *H. impetiginosus* mediante ensayo de viabilidad de *Artemia salina*.
- Evaluar la actividad antimicrobiana frente a *Penicillium digitatum* y *Botrytis cinérea*.

3. MATERIALES Y METODOS

En la figura 10 se muestra el esquema experimental .

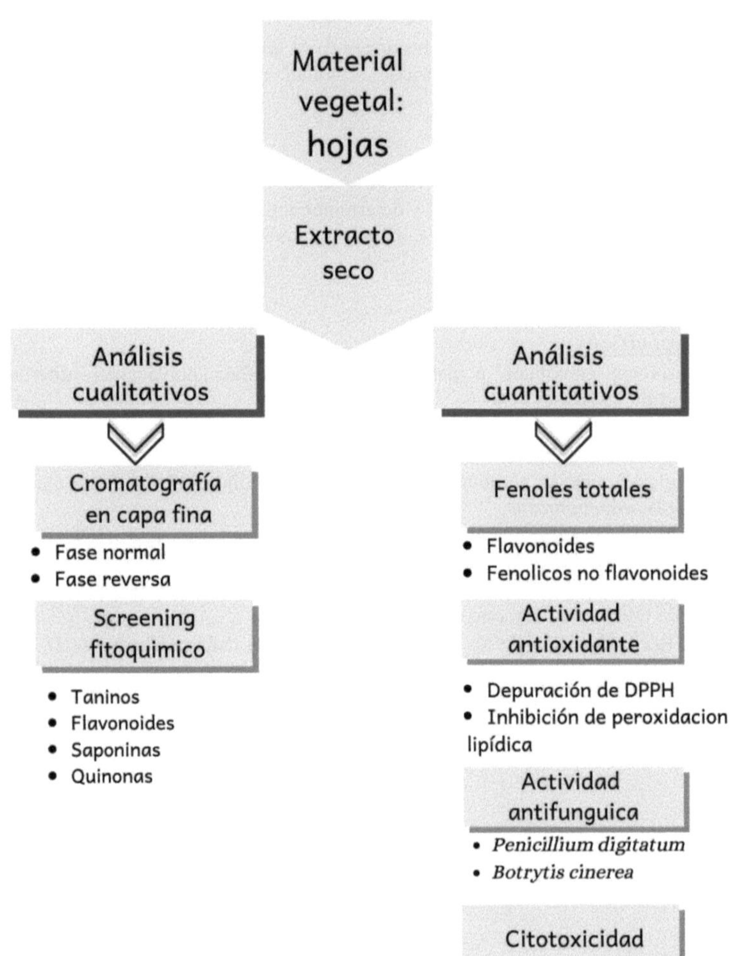

Figura 10. Esquema experimental

3.1. Obtención de extractos etanólicos

3.1.1. Recolección del material vegetal

Se recolectaron foliolos de *Handroanthus impetiginosus* totalmente expandidos durante el mes de enero de 2019. El material vegetal pertenece a un HSC el cual se encuentra ubicado en INTA EEA Famaillá y está formado por clones de individuos de *Handroanthus impetiginosus* provenientes de diez poblaciones de las provincias de Jujuy, Salta y Tucumán.

Las muestras se almacenaron en bolsas de papel y fueron refrigeradas hasta el traslado al laboratorio, posteriormente se secaron en estufa con ventilación forzada a 40°C durante tres días. Las hojas secas se trituraron en molinillo Foss KN 195 Knifetec™ (figura 11). El polvo obtenido fue pesado (peso seco) y se almacenó en tubos cónicos que se conservaron con sílica gel hasta el momento de su uso.

Figura 11. Obtención de polvo de hojas. *A.* Hojas secas de Handroanthus impetiginosus; *B.* Molienda de las hojas

3.1.2. Preparación de los extractos etanólicos

La extracción del mareial vegetal se realizó mediante un proceso de maceración en frio al abrigo de la luz para resguardar la estabilidad de posibles sustancias fotosensibles presentes. El polvo de hojas pesado se colocó en matraz erlenmeyer de 250 ml y se agregó un volumen de etanol 96° suficiente para cubrir todo el polvo, se dejó en reposo por una semana con agitación periódica. Transcurrido este tiempo se filtró utilizando papel de filtro Whatman N°1. El líquido filtrado se almacenó en frascos de vidrio color ámbar. Se renovó el solvente y se dejó macerar repitiendo el proceso 4 veces. Finalmente se juntaron los filtrados y se evaporó el solvente completamente hasta sequedad en evaporador rotatorio al vacío a 40 ° C hasta obtener los extractos secos (ES) (Figura 12).

*Figura 12. Obtención de extractos secos; **A.** Maceración en frio del polvo de hojas; **B.** Evaporación del solvente; **C.** Extracto seco.*

3.1.3. Calculo de rendimiento

El rendimiento de extracción es el porcentaje de ES obtenido a partir del material vegetal. Una vez obtenidos los ES se pesaron en balanza analítica y se calculó el rendimiento de extracción según la siguiente ecuación:

$$\text{Rendimiento} = \left(\frac{\text{Peso del extracto seco (g)}}{\text{Peso del material vegetal de partida (g)}} \right) \times 100$$

3.2. Análisis cualitativos *in vitro*
3.2.1. Screening Fitoquímico

Se realizó una serie preliminar de reacciones colorimétricas rápidas y sencillas, para evaluar la presencia de distintos tipos de metabolitos secundarios en los diez ES.

Detección de taninos
- **Ensayo del Cloruro férrico**

<u>Procedimiento</u>: se pesó 1mg de ES y se disolvió en 1 ml de etanol, se colocó en un tubo de ensayo, luego se añadió una gota de cloruro férrico y se agitó. Si la solución toma color negro/azul indica la presencia de taninos hidrolizables, si en cambio adquiere color verde indica presencia de taninos condensados (Colina Ramos, 2016).

Detección de flavonoides
- ***Ensayo Shinoda***

<u>Procedimiento</u>: se disolvió una pequeña cantidad del ES en etanol y se tomó 1 ml. Se agregó una viruta de magnesio y unas gotas de ácido clorhídrico concentrado. Se considera reacción positiva si se observa coloración rosada/rojiza (Álvarez Giraldo, 2013).

Detección de saponinas
- ***Ensayo de Salkowski***

<u>Procedimiento</u>: una pequeña cantidad de ES se colocó en un tubo de ensayo y se agregó 1 ml de cloroformo y 1 ml de ácido sulfúrico concentrado (Foy Valencia y col., 2005). Si la muestra contiene saponinas se observa coloración naranja/rojiza.
- ***Ensayo del bicarbonato de sodio al 10%***

<u>Procedimiento</u>: se disolvió una pequeña cantidad del ES en metanol, luego se agregó 3 gotas de ácido sulfúrico concentrado. Se agitó ligeramente y se agregó 3 gotas de una solución acuosa de bicarbonato de sodio al 10% (Foy Valencia y col., 2005). La aparición de burbujas y su permanencia por más de un minuto indica presencia de saponinas.

Detección de quinonas
- ***Reacción con NaOH al 5%***

Las quinonas α y β hidroxiladas dan soluciones coloreadas al reaccionar con una solución de NaOH al 5%.

<u>Procedimiento</u>: a una pequeña cantidad del ES se le añadió 0,2 ml de etanol y 0,4 ml de NaOH al 5%, el cambio de coloración indica la presencia de compuestos quinónicos (Gibaja Oviedo, 1998).

3.3. Análisis cuantitativos *in vitro*
3.3.1. Cuantificación de fenoles totales

Se utilizó el método colorimétrico descripto por Singleton y col., (1999) que se basa en la reducción en medio alcalino del reactivo de Folin-Ciocalteu (mezcla de ácido fosfotúngstico y ácido fosfomolibdico) por los polifenoles presentes en la muestra dando lugar a la formación de complejos coloreados azules que presentan máxima absorción a una longitud de onda de 765 nm.

<u>Procedimiento</u>: cada ES fue diluido en agua destilada hasta obtener una concentración de 1 mg/ml de extracto seco. A 600 µl de cada una de estas diluciones se añadió 500 µl del reactivo de Folin-Ciocalteu diluido en agua destilada (1:10 v/v). Esta mezcla fue homogeneizada e incubada durante 5 minutos. Posteriormente se adicionaron 400 µl de carbonato de sodio al 7,5% (p/v), se homogeneizó e incubó durante 30 minutos a temperatura ambiente. Finalmente, se midió la absorbancia a 765 nm en espectrofotómetro UV-Visible (Biotraza 722). Para esta medición se utilizó etanol 96° como blanco.

El contenido de compuestos fenólicos totales fue expresado en µg de equivalentes de ácido gálico (EAG)/mg de ES.

Para determinar los µg EAG/mg ES se construyó una curva de calibración de ácido gálico de un rango de concentración de 0,5 a 44,4 µg/ml. Los valores de absorbancia obtenidos se extrapolaron en la curva de calibración y mediante la ecuación de regresión de la curva se determinaron los µg EAG/ mg ES. Todas las determinaciones se realizaron por triplicado.

3.3.2. Cuantificación de flavonoides

Se empleó el método colorimétrico del cloruro de aluminio (Zhishen y col., 1999). El catión aluminio forma complejos estables con flavonoides, produciendo un desplazamiento hacia longitudes de onda mayores e intensificando la absorción. De esta manera es posible determinar la cantidad de flavonoides, evitando la interferencia de otras sustancias fenólicas.

Procedimiento: se prepararon soluciones madre (SM) de 1 mg/ml de cada ES, se tomó 500 µl de cada SM y se le adicionó 500 µl de una solución etanólica de $AlCl_3$ 2 % (p/v) a fin de obtener una solución 1:1. La mezcla de reacción se homogeneizó e incubó durante 1 h a temperatura ambiente y se midió la absorbancia a 430 nm en espectrofotómetro UV-Visible (Biotraza 722). Se utilizó etanol 96° como blanco. Los valores de absorbancia obtenidos se extrapolaron en la curva de calibración de quercetina y los resultados se expresaron como µg equivalentes de quercetina (EQ)/ mg ES. Todas las mediciones se realizaron por triplicado.

3.3.3. Cuantificación de compuestos fenólicos no flavonoides

Se empleó el método de Isla y col., (2014) que se basa en la capacidad del formaldehído en medio ácido para inducir la polimerización de los flavonoides presentes en la muestra, los cuales pueden ser separados luego de centrifugar a 9000 g por 5 minutos.

Procedimiento: se preparó una solución 2:2:1 con cada extracto (5 mg/ml), formaldehido (8 g/L) y HCl (1:3 v/v). Se incubó a temperatura ambiente 24 h y luego se centrifugó a 9000 g durante 5 minutos. En el sobrenadante se encuentran los compuestos fenólicos no flavonoides los cuales se cuantificaron con el método de Folin-Ciocalteu (FC), el precipitado correspondiente a los flavonoides se descartó.

3.4. Cromatografía en capa fina (CCF)

La cromatografía es una técnica que permite separar, aislar e identificar bajo ciertas condiciones los componentes de una mezcla. Es muy utilizada en el análisis de muestras orgánicas y en la investigación de productos naturales.

Dicha cromatografía (CCF) se llevó a cabo utilizando quercetina y ácido gálico como patrones y los diez ES, con el fin de conocer la polaridad de los compuestos presentes y la complejidad de cada uno de los extractos obtenidos (Martinez Grau, 1998). Además sirve para ensayar diferentes disolventes y evaluar cuál es el que conduce a una mejor separación.

Para ello se prepararon una serie de placas y se sembraron con los ES, desarrollando la cromatografía en distintas mezclas de solventes (figura 13). La posición de los compuestos de una muestra tras una separación de CCF se utiliza para calcular el parámetro denominado factor de retención (Rf). El Rf es la relación existente entre la distancia recorrida por el compuesto y la recorrida por el disolvente en el mismo tiempo y se calcula según la siguiente ecuación:

$$R_f = \frac{distancia\ recorrida\ por\ el\ soluto}{distancia\ recorrida\ por\ la\ fase\ móvil}$$

$$R_f = \frac{d_R}{d_{FM}}$$

Se considera que se produce una óptima separación por CCF cuando el Rf está entre 0,3 - 0,8. También se puede cambiar la fase estacionaria si la polaridad de los constituyentes de los extractos así lo requiere.

Fase estacionaria: se utilizaron cromatofolios de aluminio recubiertos por una delgada capa de sílica gel (fase normal de naturaleza polar) y sílica gel ligada a ácidos grasos de 18 átomos de carbono (fase reversa de naturaleza apolar).

Fase móvil: para la corrida de las placas de sílica gel de fase normal se probaron mezclas de solventes de baja a mediana polaridad. Se empleó un sistema compuesto por cloroformo - acetato de etilo en relación 4:1 y 1:1. Por otro lado, para la corrida en fase reversa se utilizó un sistema de solventes de características polares formado por metanol - agua en relación 9:1.

Revelado: se efectuó por métodos físicos (no destructivos) y químicos, para poner de manifiesto las sustancias que se han separado.

El revelado físico, se realizó con luz ultravioleta (UV) a dos longitudes de onda: a 254 nm y a 365 nm. La mayor parte de las placas de cromatografía llevan un indicador fluorescente que permite la visualización de los compuestos activos a la luz ultravioleta. El indicador absorbe la luz UV y emite luz visible. La presencia de un compuesto activo en el UV evita que el indicador absorba la luz en la zona en la que se encuentra el producto, y el resultado es la visualización de una mancha en la placa que indica la presencia de un compuesto.

Para el revelado químico se usó Godin-ácido sulfúrico 30% y posterior calentamiento a 100°C para visualizar los compuestos presentes. Este reactivo es específico para detección de sustancias oxidables como alquenos, alcoholes, aldehídos y, según el color de las manchas, permite orientarnos en la determinación del tipo de compuesto presente (Godin, 1954).

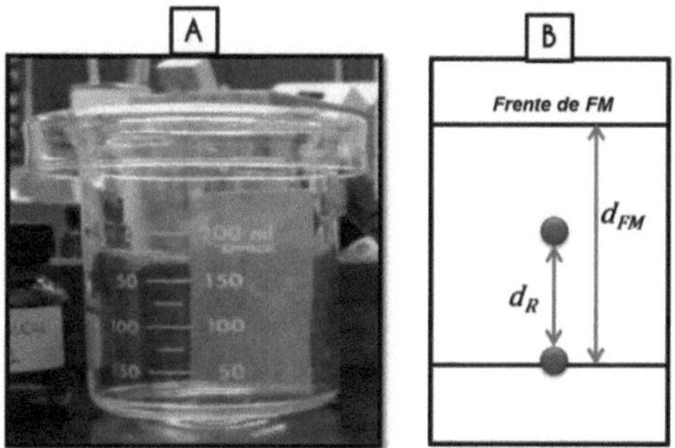

*Figura 13.Cromatografía en capa fina. **A.** Cuba cromatográfica; **B.** Esquema de las distancias recorridas por el soluto (d_R) y la fase móvil (d_{FM})*

3.5. Determinación de actividad antioxidante
3.5.1. Ensayo de depuración de DPPH

Se utiliza el reactivo 2,2-Diphenyl-1-picriylhydrazyl (DPPH) el cual es un radical libre de coloración violeta en solución, y que presenta una absorción en el UV a 515 nm, absorción que desaparece cuando el radical libre es neutralizado por un compuesto antioxidante, virando a color amarillo (Brand-Williams y col., 1995).

Procedimiento: se preparó una serie de diluciones de cada ES de concentraciones en el rango de 0,75 a 2,50 mg/ml ES, a partir de cada una se tomó un volumen de 100 µl que reaccionó con 900 µl de solución de DPPH 150µM. Se incubó durante 20 minutos en la oscuridad y a temperatura ambiente y luego se midió la absorbancia a 515 nm en espectrofotómetro Biotraza 722. Como control negativo se utilizó etanol 96° y como control positivo quercetina.

Posteriormente se calculó el porcentaje de actividad antioxidante (%AA) de la siguiente forma:

$$\%AA = \left(\frac{\text{Absorbancia del control} - \text{Absorbancia de la muestra}}{\text{Absorbancia del control}}\right) \times 100$$

3.5.2. Ensayo de inhibición de peroxidación lipídica

Se basa en la capacidad de los antioxidantes de inhibir la peroxidación lipídica. El β-caroteno en presencia de ácido linoleico sufre la oxidación de los lípidos por los radicales libres del ácido, esto ocasiona la perdida de color, pasando de amarillo-naranja a blanquecino (Alam y col., 2013).

Procedimiento: a partir de cada uno de los ES se preparó una SM de concentración 2 mg/ml, en tubos de ensayo se colocó 100 µl de la SM y 2400 µl de la emulsión de β-caroteno. Se registró la absorbancia a 470 nm de la mezcla de reacción, absorbancia a tiempo cero (A_0) y posteriormente los tubos se llevaron a un baño termostatizado a 50 °C durante 2 h. Se midió la absorbancia cada 20 minutos, hasta los 120 minutos (A_{120}). Todas las mediciones se realizaron por triplicado.

Se calculó el %AA en términos de decoloración del β-caroteno, mediante la siguiente fórmula:

$$\%AA = \left[1 - \left(\frac{A_{0m} - A_{120m}}{A_{0c} - A_{120c}}\right)\right] \times 100$$

Donde A_{0m} y A_{0c} son absorbancia a tiempo cero de la muestra y el control respectivamente, y A_{120m} y A_{120c} son absorbancia a tiempo final de la muestra y el control respectivamente.

3.6. Evaluación de actividad antifúngica

Para la evaluación de la actividad antifúngica de los extractos etanólicos se utilizó *Penicillium digitatum* (2019) y *Botrytis cinerea* (2019), ambas cepas fueron aisladas de frutos enfermos en el laboratorio de fitopatología del INTA EEA Famaillá.

El análisis microscópico permitió observar las estructuras morfológicas características de *P. digitatum*, conidióforos ramificados, fiálides y sobre estas los conidios en cadena, de forma elipsoidales a globosos típicos.

En la figura 14 se muestran las estructuras morfológicas observadas, bajo microscopio óptico, de las colonias de *P. digitatum*. En la figura 14.A se pueden observar conidióforos ramificados y sobre estos las fiálides alargadas y levemente ensanchadas en su base, típicas de *P. digitatum* y con conidios a su alrededor. En la figura 14.B se muestran sobre las fiálides, los conidios en cadena antes que estos se desprendan y en la figura 14.C, un conjunto de conidios de forma globosa a elipsoidales.

Estas características observadas en todas las colonias, permitieron identificar y concluir que las cepas aisladas correspondieron a *P. digitatum*, ya que concuerdan con las descripciones realizadas en las claves de Barnett y Hunter (1998), Carrillo (2003) y Frisvad y Samson (2004). Además, las colonias de *P. digitatum* en el medio de cultivo fueron similares en apariencia al "moho" que se desarrolló en frutas infectadas, tal como describieron Whiteside y col., (1988).

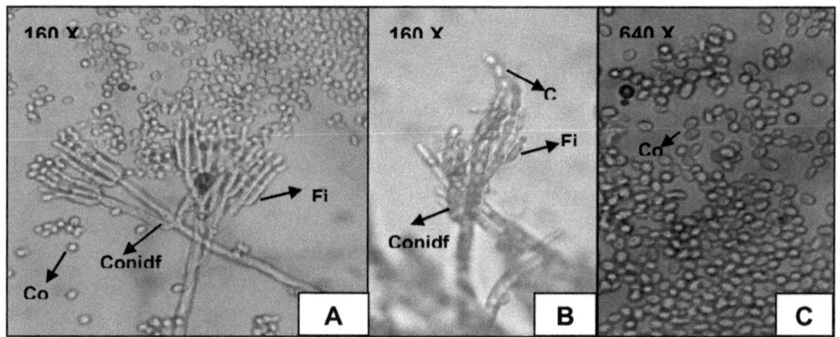

Figura 14. *Conidióforos, fiálides y conidios de P. digitatum, en observación microscópica; **A**. Conidióforos (conidf), fiálides (fia) y conidios (co); **B**. Conidios en cadena sobre las fiálides; **C**. Conjunto de conidios.*

En el caso de *Botrytis cinerea* se realizó de la misma forma el análisis microscópico que permitió observar las características morfológicas típicas, conidióforos altos, delgados, septados, hialinos, ramificados en la porción superior con células apicales agrandadas con grupos de conidios redondeados en masa. Los conidios fueron unicelulares, ovoides, lisos y hialinos.

De esta forma se pudo concluir que las cepas identificadas correspondieron a *B. cinerea*, ya que las características observadas concordaron con las descripciones realizadas en las claves de Barnett y Hunter (1998) y Ellis (1976).

3.6.1. Medios de cultivo

Los hongos fueron cultivados en medio Agar Papa Glucosa (APG) 2% en estufa a 25 °C por 72 h. Para la preparación del medio solido APG 2% se pesaron 200 g de papas lavadas, peladas, y cortadas y se hicieron hervir por 40 minutos en agua destilada. Se filtró y al líquido resultante se agregó 20 g de glucosa, luego se mezcló hasta disolución total y se llevó a un volumen final de 1000 ml con agua destilada. Posteriormente se ajustó el pH a 5,7 con HCl 0,1N y se agregó 17 g de agar bacteriológico (Britania). Se fraccionó en frascos de 200ml y se esterilizó en autoclave a 120°C por 20 minutos.

Para los ensayos de inhibición se utilizó, además del medio APG 2%, un medio Agar blando o Agar agua (0,7% de agar). Para preparar este medio se pesaron 1,4 g de agar bacteriológico y se disolvieron en 200 ml de agua destilada.

3.6.2. Preparación de la suspensión de conidios

Para los ensayos de inhibición se utilizaron como inóculo suspensiones de conidios, que constituyen la forma infectiva que poseen los hongos.

Inicialmente se preparó una suspensión madre de conidios (SMC) a partir de cultivos nuevos de las cepas crecidas en APG 2 %. Para esto, se recolectaron conidios raspando la superficie de las colonias con la ayuda de Tween 20 0,05% y una espátula de Drigalsky. Esta SMC fue recolectada con una micropipeta y filtrada a través de una jeringa con una gasa estéril con el fin de retener restos de micelio. Posteriormente se recibió en un tubo estéril, y se procedió al conteo de los conidios en cámara de Neubauer.

Se calculó el volumen de SMC necesario para obtener una concentración de conidios de 1×10^5 conidios/ml y ese volumen fue agregado a 10 ml de Agar blando. Finalmente, esta suspensión de conidios en agar blando se utilizó en el ensayo de actividad antimicrobiana de los extractos.

3.6.3. Ensayo *in vitro* de la actividad antimicrobiana de los extractos

Para determinar la actividad antifúngica de los extractos se realizó la técnica de difusión en placa (Dhingra y Sinclair, 1985; Parente y Hill, 1992).

<u>Procedimiento</u>: se utilizaron placas de petri con 10 ml de medio APG 2% sobre la cual se agregó una suspensión de conidios (10^5 conidios/ml) preparada en 10 ml de medio Agar agua 0,7%. Una vez solidificado, se realizaron pocillos equidistantes utilizando un sacabocado estéril con un diámetro de 5 mm. En cada pocillo se colocó un volumen de 30 µl de los distintos ES resuspendidos en etanol 96 ° en una concentración de 1,5 mg/ml.

Para todos los experimentos se utilizaron dos tipos de controles:

Control negativo de inhibición: se sembró en un pocillo un volumen conocido del mismo solvente que se utilizó para resuspender los ES, etanol 96°.

Control positivo de inhibición:

Para el ensayo con *P. digitatum* se utilizó una solución de **Imazalil** (N 1-[2-(2,4-diclorofenil)-2-(2-propeniloxi) etil]-1H-imidazol) en una concentración de 25 ppm. El cual es un fungicida comercial, sistémico, empleado para controlar un amplio espectro de enfermedades causadas por hongos en frutas, vegetales y plantas ornamentales.

En el caso de *B. cinerea* se utilizó una solución de **Switch** (fludioxonil - cyprodinil) en una concentración de 1 g/l. El cual es un fungicida de contacto y sistémico que interfiere, principalmente durante los procesos de germinación de conidios, desarrollo del tubo germinativo, penetración y desarrollo del micelio dentro de los tejidos de la planta.

La actividad antifúngica en los ES se determinó por la presencia o ausencia de halos de inhibición de crecimiento fúngico alrededor de los pocillos luego de la incubación en condiciones adecuadas.

En la figura 15 se esquematiza la disposición de los medios de cultivo y los pocillos en las placas de Petri utilizadas en el ensayo de actividad antimicrobiana.

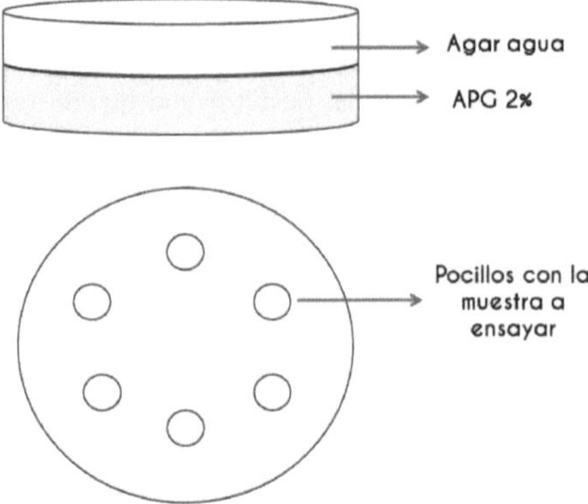

Figura 15. *Esquema con la disposición de las placas de Petri en el ensayo de actividad antimicrobiana.*

3.7. Evaluación de citotoxicidad

Un amplio rango de compuestos bioactivos conocidos manifiesta toxicidad en dosis altas. Como paso inicial en el estudio de la citotoxicidad de sustancias vegetales se puede utilizar un organismo modelo como *Artemia salina*, un pequeño crustáceo extremófilo de aguas salinas. La citotoxicidad de los diez ES se evaluó mediante el bioensayo de viabilidad de nauplios de *Artemia salina*. Los cuales representan el primer estadio del ciclo de vida de este crustáceo. Este es un método simple, rápido y accesible económicamente (Meyer y col., 1982)

3.7.1. Obtención de nauplios

Se utilizó una pecera pequeña dividida en dos secciones, una de ellas se cubrió con una cobertura plástica para mantenerla oscura, la otra permaneció abierta al exterior y con luz. Se agregaron 300 ml de solución de sal marina 3,8 % a la pecera y en la zona oscura se añadió 1 mg de quistes de *Artemia salina*. La temperatura del agua se mantuvo entre 24 °C y 28 °C, y con luz cálida. Al cabo de 24 h los quistes comenzaron a eclosionar y dado que los nauplios son fototácticos, se trasladaron a la zona de la pecera iluminada, abierta al exterior. De esta forma resultó sencillo separarlos de los quistes que no eclosionaron (Mclaughlin y col., 1998). En la figura 16 se pueden observar nauplios de *Artemia salina*.

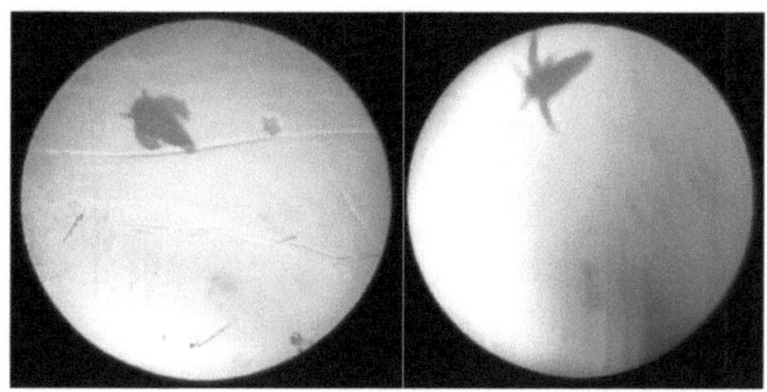

Figura 16. *Nauplios de Artemia salina*

3.7.2. Determinación de concentración letal media (CL₅₀)

Se define como CL_{50} a la concentración de extracto capaz de provocar la muerte del 50% de los animales en un tiempo dado.

El ensayo se llevó a cabo en una microplaca de 96 pocillos donde se colocaron 10 nauplios en cada pocillo y 200 µl de ES en distintas concentraciones: 1, 10, 100, y 1000 µg/ml ES. Como control de viabilidad (control negativo) se utilizaron nauplios en su medio de crecimiento (solución de sal marina 3,8 %), y como control positivo una solución de dicromato de potasio en las mismas concentraciones que se ensayaron del ES. Luego de 24 h de exposición, se procedió a contar el número de nauplios muertos para calcular el porcentaje de mortalidad. Se consideraron muertos los nauplios que no exhibieron movimiento por 10 segundos. Cada concentración de ES y los controles se ensayaron por triplicado.

Para definir el grado de toxicidad de los extractos se ordenó el rango de valores de CL_{50} en los siguientes niveles de toxicidad según Valdés-Iglesias (2003):

Extremadamente tóxico ($CL_{50} < 10$ µg/ml)

Muy toxico (10 µg/ml $< CL_{50} < 100$ µg/ml)

Moderadamente toxico (100 µg/ml $< CL_{50} < 1000$ µg/ml)

No toxico ($CL_{50} > 1000$ µg/ml)

3.8. Análisis estadístico

Para el análisis de los resultados se utilizó el software InfoStat (versión 2017.1.2) mediante ANOVA (análisis de varianza de una vía) seguido del test de Tukey para determinar las diferencias significativas entre las poblaciones. Este análisis se realizó para las determinaciones de compuestos fenólicos, flavonoides, y compuestos fenólicos no flavonoides.

4. RESULTADOS Y DISCUSION

4.1. Rendimiento de extracción

Se calculó el rendimiento de extracción para los diez ES y se obtuvieron los resultados mostrados en la tabla 1.

Rendimiento de extracción	
Población	Rendimiento (%)
Pocoy	21,58
San Pablo	19,19
Río Seco	18,34
Ledesma	36,11
Piquete	39,31
El Talar	25,32
Lules	24,26
Rosario de la Frontera	21,59
Burruyacú	21,53
Huasapampa	18,64

Tabla 1.Rendimiento de extracción (%) para las diferentes poblaciones de H. impetiginosus

Los valores de rendimiento más elevados corresponden a los extractos de hojas procedentes de las poblaciones de Ledesma y Piquete, 36,11% y 39,31% respectivamente. Ambas poblaciones pertenecientes a la provincia de Jujuy. Por otro lado, Rio Seco (Salta) y Huasapampa (Tucumán) presentaron los menores porcentajes de extracción, 18,34 % y 18,64 % respectivamente.

Diversos factores pueden afectar los rendimientos de extracción, como pérdidas durante el proceso de extracción, características propias de la planta, composición y lugar de desarrollo, o bien el tipo y las condiciones de extracción (García y col., 2016). Debido a esto, las diferencias observadas en los diferentes extractos podrían deberse a diferencias en las condiciones ambientales de los lugares de origen de los individuos seleccionados ya que los metabolitos secundarios son sintetizados con fines ecológicos por la planta según las condiciones en las que se encuentra (Almaraz Abarca y col., 2006; Taiz y Zeiger, 2010).

4.2. Análisis cualitativos *in vitro*

4.2.1. Screening fitoquímico

Los resultados obtenidos en las reacciones colorimétricas empleadas, se visualizaron como cambios característicos de coloración y se resumen en la figura 17.

La coloración rosada observada en la reacción de Shinoda indica la presencia de flavonoides en la muestra. Este resultado coincide con lo reportado por Alonso (2000) y Oliveira de Sousa y col., (2015) para *Handroanthus impetiginosus*.

Mediante el ensayo de solubilidad en NaOH al 5% se confirmó la presencia de quinonas α y β hidroxiladas en los ES. Este resultado concuerda con los obtenidos por Sharma y col., (1988), Braga de Oliveira y col., (1993), y Díaz y Medina, (1996) en otras especies del género *Handroanthus*.

Se halló resultado positivo para la presencia de taninos mediante la prueba del cloruro férrico, lo que se visualizó como coloración verdosa que indica la presencia de taninos condensados en la muestra, coincidiendo con lo encontrado por Lemos Pinto y col., (2013), Duarte y col., (2014), y Oliveira de Sousa y col., (2015) para individuos de esta y otras especies del mismo género como *Handroanthus serratifolius*.

Por último, no se detectó la presencia de saponinas en los ES, por ninguno de los dos ensayos empleados. En este caso los resultados difieren de lo encontrado por otros autores quienes obtuvieron resultados positivos para la presencia de saponinas en *H. impetiginosus* (Lemos Pinto y col., 2013) y en *H. Serratifolius* (Duarte y col., 2014).

La presencia de flavonoides y taninos en los extractos de *H. impetiginosus* podría indicar efectos antimicrobianos, antioxidantes, antitumorales y analgésicos comúnmente asociados a estos metabolitos, mientras que la presencia de quinonas impulsa encontrar propiedades antimicrobianas y antitumorales, dado que la estructura quinónica, incluyendo antraquinonas y naftoquinonas, es conocida por su importancia en varios productos naturales relacionados con estas actividades según O'Brien (1991).
Si bien los ensayos realizados son preliminares, los resultados conseguidos concuerdan con los reportes existentes en la bibliografía que dan cuenta de la presencia de quinonas, flavonoides y taninos, entre otros metabolitos secundarios en la corteza (Thomson, 1971; Sharma y col., 1988; de Oliveira y col., 1993; Oswald, 1993), y hojas de *H. impetiginosus* (Oliveira de Sousa y col., 2015). De esta forma permiten dirigir los estudios hacia la búsqueda y aislamiento de compuestos bioactivos específicos presentes en extractos etanólicos de hojas de *H. impetiginosus*.

TIPO DE COMPUESTO	ENSAYO	RESULTADO	
FLAVONOIDES	Shinoda	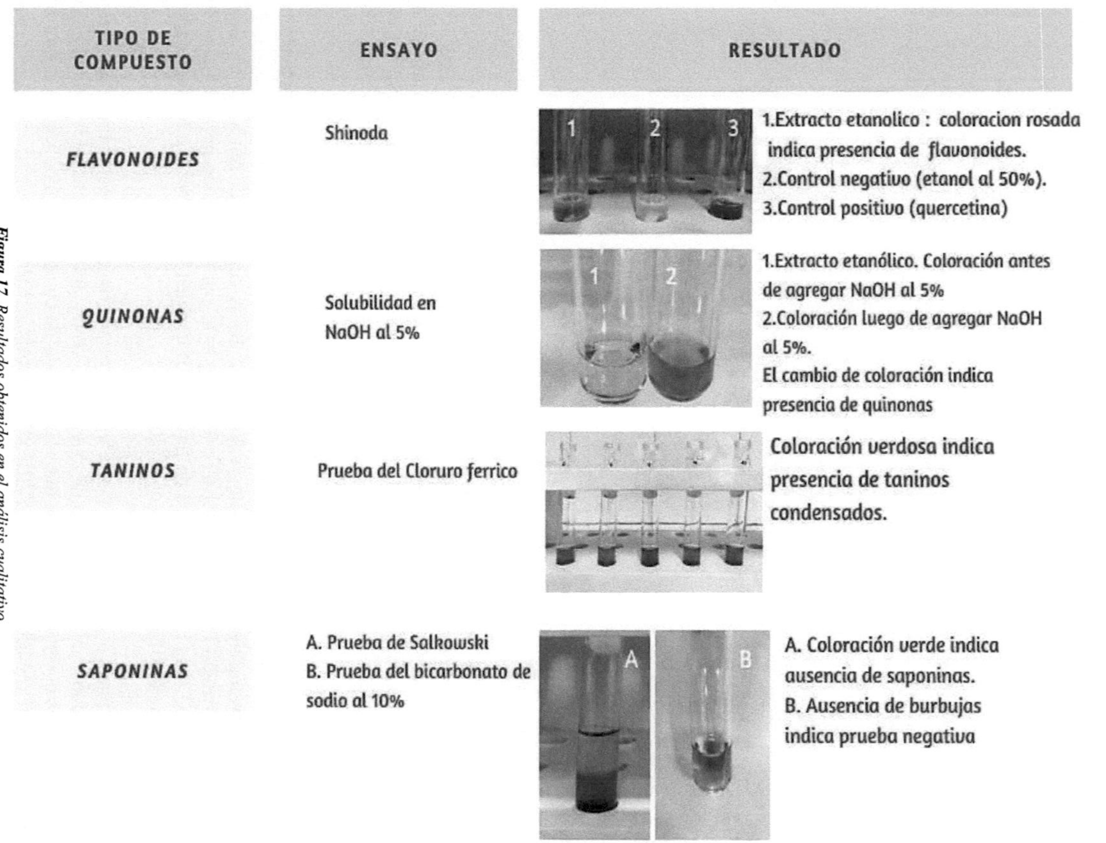	1.Extracto etanolico : coloracion rosada indica presencia de flavonoides. 2.Control negativo (etanol al 50%). 3.Control positivo (quercetina)
QUINONAS	Solubilidad en NaOH al 5%		1.Extracto etanólico. Coloración antes de agregar NaOH al 5% 2.Coloración luego de agregar NaOH al 5%. El cambio de coloración indica presencia de quinonas
TANINOS	Prueba del Cloruro ferrico		Coloración verdosa indica presencia de taninos condensados.
SAPONINAS	A. Prueba de Salkowski B. Prueba del bicarbonato de sodio al 10%		A. Coloración verde indica ausencia de saponinas. B. Ausencia de burbujas indica prueba negativa

Figura 17. Resultados obtenidos en el análisis cualitativo.

4.3. Análisis cuantitativos *in vitro*

4.3.1. Contenido de compuestos fenólicos

En la tabla 2 se muestran los resultados obtenidos en la cuantificación de compuestos fenólicos totales, flavonoides y fenólicos no flavonoides para los diez ES. Los resultados de flavonoides se expresan como µg equivalentes de quercetina (EQ) / mg extracto seco (ES) y los de fenoles como µg equivalentes de ácido gálico (EAG) / mg ES.

Población	Fenoles totales [µgEAG/mg ES]	Flavonoides [µgEQ/mg ES]	Fenoles no flavonoides [µgEAG/mg ES]
Pocoy	3,71 ± 0,06 *a*	1,66 ± 0,69 *a*	0,47 ± 0,01 *a,b*
San Pablo	3,02 ± 0,17 *b*	1,09 ± 0,24 *a*	0,60 ± 0,15 *a,b*
Río Seco	3,11 ± 0,23 *b*	1,27 ± 0,10 *a*	0,47 ± 0,03 *a,b*
Ledesma	2,93 ± 0,04 *b*	1,26 ± 0,12 *a*	0,54 ± 0,04 *a,b*
Piquete	3,09 ± 0,07 *b*	1,29 ± 0,05 *a*	0,52 ± 0,02 *a,b*
El Talar	3,24 ± 0,23 *b*	1,26 ± 0,05 *a*	0,42 ± 0,18 *a,b*
Lules	3,33 ± 0,70 *a,b*	1,36 ± 0,04 *a*	0,29 ± 0,04 *a*
Rosario de la Frontera	3,29 ± 0,06 *b*	1,39 ± 0,11 *a*	0,70 ± 0,14 *b*
Burruyacú	3,00 ± 0,12 *b*	1,59 ± 0,05 *a*	0,28 ± 0,08 *a*
Huasapampa	2,86 ± 0,31 *b*	1,26 ± 0,10 *a*	0,34 ± 0,00 *a,b*

Tabla 2. *Contenido de compuestos fenólicos totales, compuestos fenólicos flavonoides y compuestos fenólicos no flavonoides para los diez ES. Valores en una columna con la misma letra no presentan diferencias significativas (p<0,05, según Test de rango múltiple Tukey). Los resultados se expresan como la media ± el desvío estándar.*

Respecto al contenido de fenoles totales, los ES de hojas provenientes de las poblaciones de Pocoy (Salta) y Lules (Tucumán) presentaron la mayor concentración con valores de 3,71 ± 0,06 y 3,33 ± 0,70 µg EAG / mg ES respectivamente. Mientras que los correspondientes a Huasapampa (Tucumán) y Ledesma (Jujuy) presentaron la menor concentración con valores de 2,86 ± 0,31 y 2,93 ± 0,04 µg EAG / mg ES respectivamente. Estos valores fueron menores que los encontrados por de Sousa Araújo y col., (2015) en extractos etanólicos de hojas de *H. impetiginosus* procedentes de la región de Cerrado, Brasil; y por Pires y col., (2015) en extractos metanólicos de corteza de *H. impetiginosus* provenientes de Bragança, Portugal.

En la cuantificación de flavonoides se encontró que los ES de hojas provenientes de las poblaciones de Pocoy (Salta) y Burruyacú (Tucumán) exhibieron los valores más altos, 1,66 ± 0,69 y 1,59 ± 0,05 µg EQ / mg ES respectivamente. Entre tanto los valores más bajos correspondieron a los ES de hojas provenientes de San Pablo (Tucumán) con 1,09 ± 0,24 µg EQ / mg ES seguido por El Talar (Jujuy) con 1,26 ± 0,05 µg EQ / mg ES. Los valores de flavonoides también son menores a los reportados por de Sousa Araújo y col., (2015) y por Pires y col., (2015) .

Estas diferencias se pueden explicar por las diferentes características ecogeográficas en donde se desarrollan los individuos, ya que la síntesis de metabolitos secundarios depende de las condiciones del medio. Ambos autores encontraron además, que el contenido de compuestos fenólicos es mayor en los extractos de corteza (de Sousa Araújo y col., 2015; Pires y col., 2015).

Por último, los ES provenientes de las poblaciones de Rosario de la Frontera (Salta) y San Pablo mostraron el mayor contenido de compuestos fenólicos no flavonoides con 0,70 ± 0,14 y 0,60 ± 0,15 µg EAG / mg ES respectivamente. Por su parte, los valores más bajos se encontraron en los ES procedentes de Burruyacú y Lules con valores de 0,28 ± 0,08 y 0,29 ± 0,04 µg EAG / mg ES respectivamente.

A partir de estos resultados se desprende que para los diez ES evaluados el contenido de compuestos fenólicos flavonoides es mayor que el de fenólicos no flavonoides. Esto es esperable dado que los flavonoides son los compuestos mayoritarios dentro de los polifenoles (Valencia y col., 2017).
Está demostrado que los compuestos fenólicos son responsables de las actividades antioxidantes en muchos productos vegetales, y en los alimentos en general, la mayoría de los antioxidantes presentes corresponden a compuestos fenólicos (Singleton y col., 1999) y principalmente flavonoides (Zhishen y col., 1999).

Los flavonoides, además de sus propiedades antioxidantes, presentan múltiples propiedades beneficiosas para la salud como propiedades antiinflamatorias, antioxidantes, antialérgicas, hepatoprotectoras, antitrombóticas, antivirales, y anticarcinogénicas (Gábor, 1979; Cartaya y Reynaldo, 2001; Lopez Luengo, 2002; Martínez-Flórez y col., 2002; López y col., 2006; Quiñones y col., 2012) lo que los convierte en un componente de gran importancia en los productos naturales.Debido a todas estas propiedades es que en los últimos tiempos, la búsqueda de compuestos fenólicos especialmente de tipo flavonoides en especies vegetales, se ha vuelto una tendencia.

La presencia de polifenoles y particularmente flavonoides en los ES de *Handroanthus impetiginosus*, contribuye en la revalorización de esta especie forestal nativa emblemática del NOA. La presencia de fenoles, constituyentes muy importantes de las plantas con capacidad captadora de radicales libres que contribuyen directamente a la acción antioxidante impulsará la utilización de esta especie como ingredientes en la obtención y desarrollo de nuevos productos en la industria alimentaria, farmacéutica y cosmética.

4.4. Perfiles cromatográficos por CCF

Los extractos también fueron caracterizados analizando los perfiles cromatográficos obtenidos por CCF. Para los diez extractos evaluados se obtuvieron perfiles cromatográficos semejantes, lo que indicaría una composición química similar en todos ellos. Como patrones se utilizó quercetina (Q) y ácido gálico (G). Sus estructuras químicas se observan en la figura 18.

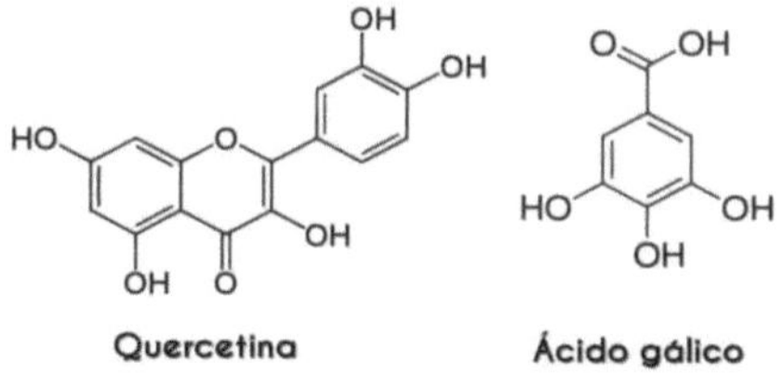

Figura 18. Estructuras químicas quercetina y ácido gálico

A continuación se muestran los perfiles cromatográficos obtenidos de los diez ES, empleando cromatofolios de fase normal. En las figuras, 19, 20 y 21 se muestran los resultados obtenidos luego de la corrida cromatográfica empleando el sistema de solventes cloroformo : acetato de etilo en relación 4 : 1 con distintos métodos de revelado.

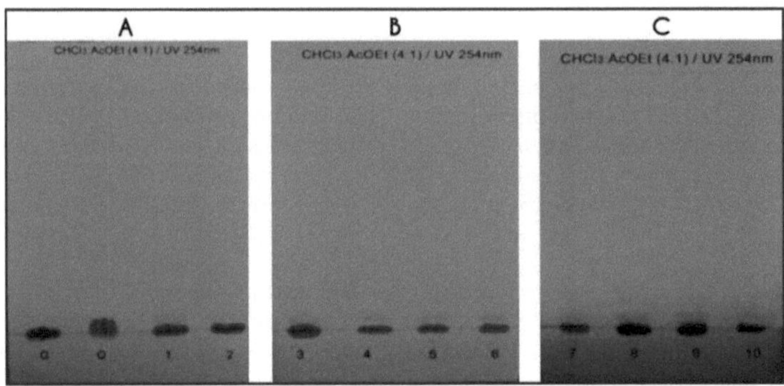

Figura 19. *Revelado físico con luz UV a 254 nm. **A**. Se observan los patrones ácido gálico (G) y quercetina (Q) y los ES 1: Pocoy y 2: San Pablo. **B** Se observan los ES 3: Río Seco, 4: Ledesma, 5: Piquete, y 6: El Talar. **C**. Se observan los ES 7: Lules, 8: Rosario de la Frontera, 9: Burruyacú, y 10: Huasapampa.*

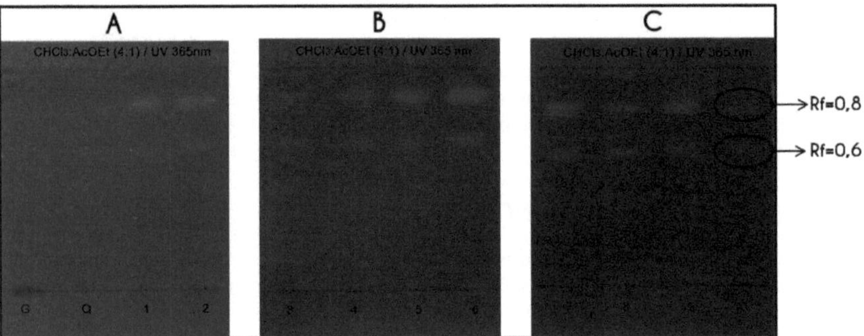

Figura 20. *Revelado físico con luz UV a 365 nm. **A**. Se observan los patrones ácido gálico (G) y quercetina (Q) y los ES 1: Pocoy y 2: San Pablo. **B** Se observan los ES 3: Río Seco, 4: Ledesma, 5: Piquete, y 6: El Talar. **C**. Se observan los ES 7: Lules, 8: Rosario de la Frontera, 9: Burruyacú, y 10: Huasapampa.*

Un método muy común para distinguir las fracciones separadas en CCF (con indicador de fluorescencia) es la iluminación con luz UV de dos longitudes de onda. Mediante el revelado físico por UV a 365 nm se observaron dos bandas fluorescentes de coloración rojo una con Rf=0,8 y otra con un Rf=0,6 que corresponden a clorofila (figura 20). También se observan manchas color rojo-anaranjado en los puntos de siembra que no fueron resueltas con esta fase móvil, éstos compuestos también absorben a 254 nm como se observa en la figura 19, en ese caso aparecen como manchas pardas oscuras y se confirma su presencia luego del revelado químico (figura 21) donde aparecen como manchas marrones de aspecto más parecido al ácido gálico, muy afines por la fase estacionaria de naturaleza polar.

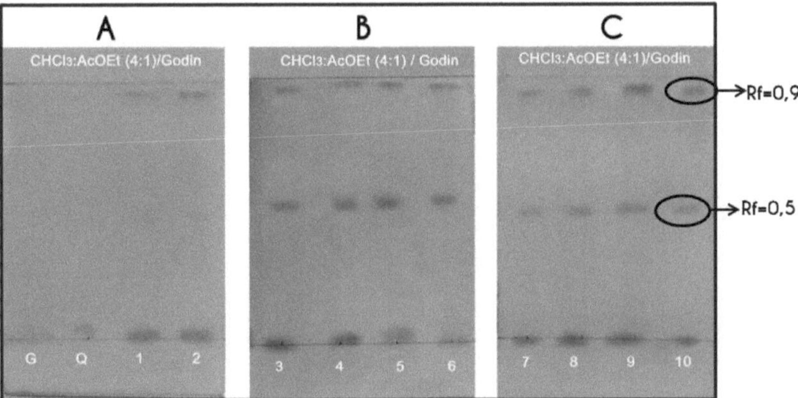

Figura 21. Revelado químico empleando Godin seguido de H₂SO₄. *A.* Se observan los patrones ácido gálico (G) y quercetina (Q) y los ES 1: Pocoy y 2: San Pablo. *B.* Se observan los ES 3: Río Seco, 4: Ledesma, 5: Piquete, y 6: El Talar. *C.* Se observan los ES 7: Lules, 8: Rosario de la Frontera, 9: Burruyacú, y 10: Huasapampa.

Con el revelado químico, también se pusieron en evidencia manchas violáceas y pardas con un Rf de 0,5 y 0,9 respectivamente, que podrían corresponder a terpenos de diferente polaridad.

Al aumentar la fuerza de la fase móvil (mayor proporción del solvente más polar) empleando el sistema de solventes cloroformo : acetato de etilo en relación 1:1 se obtuvieron los perfiles cromatográficos mostrados en las figuras 22, 23 y 24.

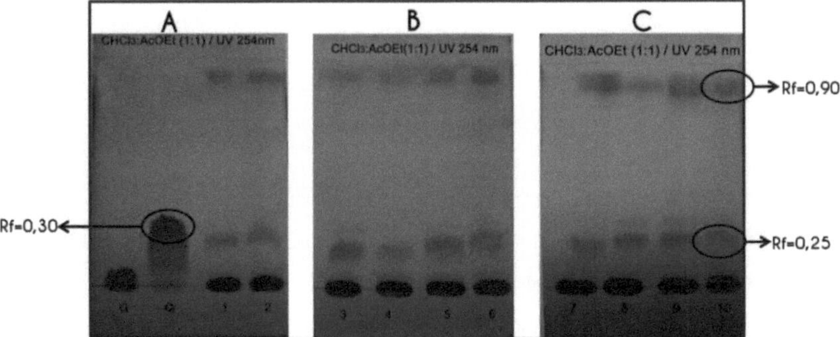

Figura 22. Revelado físico con UV a 254 nm. *A.* Se observan los patrones ácido gálico (G) y quercetina (Q) y los ES 1: Pocoy y 2: San Pablo. *B.* Se observan los ES 3: Río Seco, 4: Ledesma, 5: Piquete, y 6: El Talar. *C.* Se observan los ES 7: Lules, 8: Rosario de la Frontera, 9: Burruyacú, y 10: Huasapampa.

En estas condiciones frente a la luz UV de 254 nm (figura 22) se observan dos bandas oscuras, una con un Rf = 0,25, y otra con un Rf=0,90 la cual permanece visible al revelar al UV de 365 nm con un color rosado fluorescente como se observa en la figura 23.

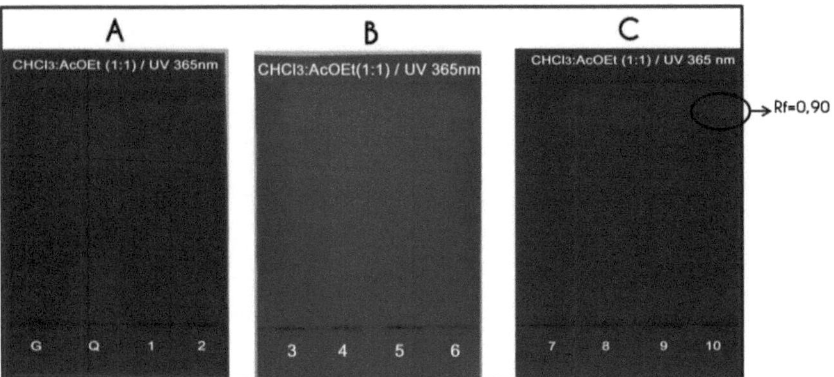

Figura 23. *Revelado físico con UV a 365 nm; **A**. Se observan los patrones ácido gálico (G) y quercetina (Q) y los ES 1: Pocoy y 2: San Pablo; **B** Se observan los ES 3: Río Seco, 4: Ledesma, 5: Piquete, y 6: El Talar; **C**. Se observan los ES 7: Lules, 8: Rosario de la Frontera, 9: Burruyacú, y 10: Huasapampa.*

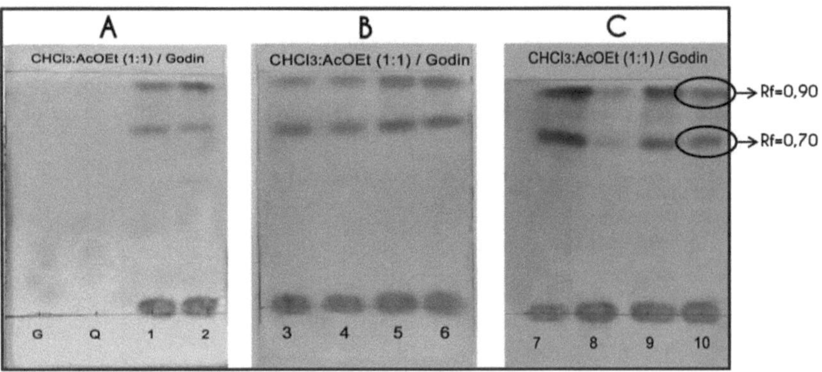

Figura 24. *Revelado químico empleando godin seguido de H₂SO₄; **A**. Se observan los patrones ácido gálico (G) y quercetina (Q) y los ES 1: Pocoy y 2: San Pablo; **B** Se observan los ES 3: Río Seco, 4: Ledesma, 5: Piquete, y 6: El Talar; **C**. Se observan los ES 7: Lules, 8: Rosario de la Frontera, 9: Burruyacú, y 10: Huasapampa.*

Tras revelar con godin se observó la banda de Rf=0,9 de color violeta oscuro, y otra de coloración violeta más claro con un Rf=0,7 (figura 24).

Claramente mejoró la resolución de los constituyentes de la mezcla al aumentar la fuerza de la fase móvil. Sin embargo, la permanencia en la siembra de manchas color marrón, nos indica la presencia de compuestos con alta afinidad por la fase estacionaria con características muy polares que no sufren un proceso cromatográfico. Por lo que se decidió modificar la fase estacionaria invirtiendo su polaridad. Es decir, la fase estacionaria tendrá ahora mayor afinidad por compuestos de baja polaridad.

En las figuras 25, 26 y 27 se muestran los perfiles cromatográficos obtenidos utilizando cromatofolios de fase reversa (se obtiene ligando a los OH de la Sílica gel ácidos grasos de 18 átomos de carbono) los cuales exhiben una fase estacionaria apolar.

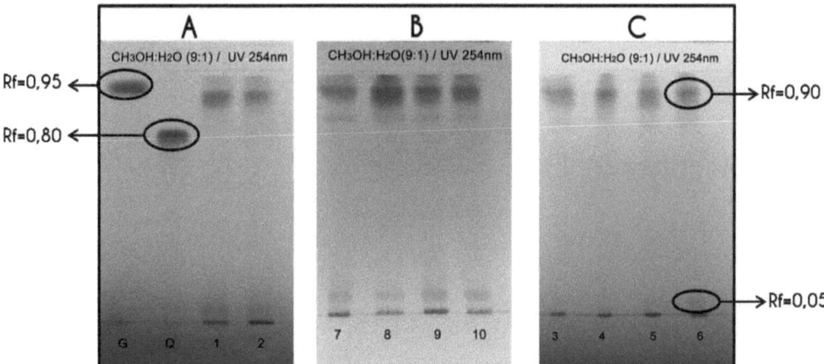

Figura 25. *Revelado físico con luz UV a 254 nm.* **A.** *Se observan los patrones ácido gálico (G) y quercetina (Q) y los ES 1: Pocoy y 2: San Pablo;* **B.** *Se observan los ES 3: Río Seco, 4: Ledesma, 5: Piquete, y 6: El Talar;* **C.** *Se observan los ES 7: Lules, 8: Rosario de la Frontera, 9: Burruyacú, y 10: Huasapampa.*

Al revelar al UV a una longitud de onda de 254 nm, se observa una banda de color pardo oscuro intensa con un Rf=0,9 (figura 25), que corresponde a los compuestos que estaban en la línea de siembra en las cromatografías de fase normal. Su aspecto es muy parecido al ácido gálico aunque no tienen el mismo Rf. También se observan bandas amarillas-anaranjadas tenues con un Rf=0,05 que corresponden a los compuestos menos polares que corrieron con el frente del solvente en la cromatografía de fase normal.

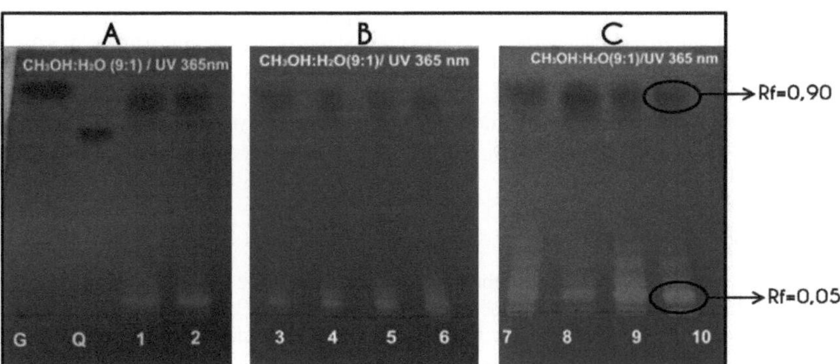

Figura 26. *Revelado físico con luz UV a 365 nm;* **A.** *Se observan los patrones ácido gálico (G) y quercetina (Q) y los ES 1: Pocoy y 2: San Pablo;* **B.** *Se observan los ES 3: Río Seco, 4: Ledesma, 5: Piquete, y 6: El Talar;* **C.** *Se observan los ES 7: Lules, 8: Rosario de la Frontera, 9: Burruyacú, y 10: Huasapampa.*

Ante luz UV de 365 nm se observó una variación de color en las bandas. La banda de Rf=0,9 apareció de color violáceo oscuro, y además se observó una banda roja fluorescente intensa con un Rf = 0,05 que corresponde a las clorofilas, la cual mostró una estela de bandas más tenues en dirección del frente de corrida (figura 26) que enmascara la presencia de otros compuestos. Los mismos se pusieron en evidencia con el revelado químico como manchas azules características de terpenos mientras que las bandas con Rf = 0,9 con una coloración verdosa/amarronada pueden asignarse a compuestos fenólicos no flavonoides que se encuentran como glicósidos, lo que explicaría su alta polaridad (figura 27).

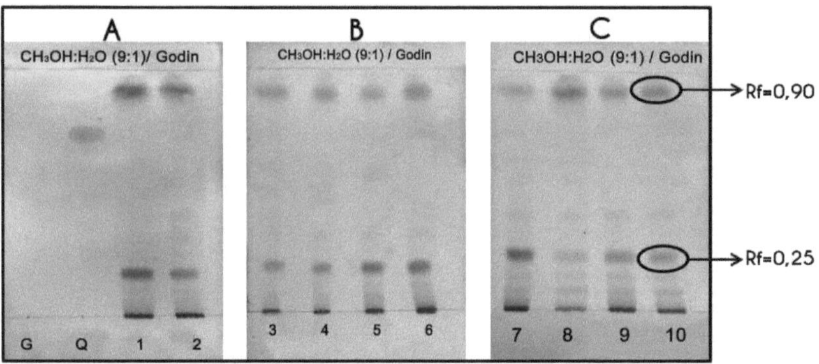

*Figura 27. Revelado químico empleando godin seguido de H_2SO_4; **A**. Se observan los patrones ácido gálico (G) y quercetina (Q) y los ES 1: Pocoy y 2: San Pablo; **B**. Se observan los ES 3: Río Seco, 4: Ledesma, 5: Piquete, y 6: El Talar; **C**. Se observan los ES 7: Lules, 8: Rosario de la Frontera, 9: Burruyacú, y 10: Huasapampa.*

Los revelados tanto físicos como químicos ponen en evidencia la ausencia de quercetina o compuestos relacionados estructuralmente con este flavonoide en los ES. La quercetina es un importante flavonoide (tipo flavonol), dentro de los casi 4000 flavonoides (antioxidantes) que aparecen en muchas plantas, verduras y frutas y cuyas propiedades reportan algunos beneficios para la salud, al mismo tiempo que permiten prevenir enfermedades (Li y col., 2016). Por otra parte el ácido gálico no revela con Godin debido a que este compuesto se encuentra en su máximo estado de oxidación, pero si se observa su presencia al interaccionar con luz UV.

El estudio de perfiles químicos por cromatografía de capa fina contribuyó a conocer la complejidad de los ES y la polaridad de sus componentes, y reveló la presencia de grupos de compuestos con polaridades opuestas.

4.5. Actividad antioxidante

En la tabla 3 se presentan los resultados obtenidos en los ensayos de determinación de actividad antioxidante para los diez ES según los métodos de inhibición de la peroxidación lipídica y de depuración de radicales libres. Además para la actividad depuradora de radicales libre se calculó la concentración efectiva 50 (EC_{50}).

En el ensayo de depuración de radicales libres DPPH, los ES de hojas procedentes de El Talar (Jujuy) y Pocoy (Salta) exhibieron mayor %AA con valores de 87,09 ± 0,28 y 86,42 ± 0,28 %AA respectivamente. Para estas poblaciones los valores de EC_{50} fueron de 0,72 y 0,78 mg/ml. Las poblaciones que presentaron menor %AA fueron Piquete (Jujuy) y Ledesma (Jujuy) con valores de 68,46 ± 2,10 y 64,34 ± 0,89 %AA respectivamente.

Población	Actividad Antioxidante		Inhibición de peroxidación lipídica
	Depuración de DPPH		
	EC50 [mg/mL]	%AA	%AA
Pocoy	0,78	86,42 ± 0,28	24,18 ± 5,74
San Pablo	1,12	71,03 ± 0,05	16,76 ± 1,83
Río Seco	1,05	70,92 ± 0,84	17,69 ± 2,55
Ledesma	1,48	64,34 ± 0,89	22,42 ± 3,18
Piquete	1,29	68,46 ± 2,10	34,13 ± 0,33
El Talar	0,72	87,09 ± 0,28	17,41 ± 1,95
Lules	1,10	77,89 ± 1,66	19,28 ± 2,14
Rosario de la Frontera	1,27	82,47 ± 0,09	24,61 ± 1,58
Burruyacú	1,10	72,11 ± 1,42	29,15 ± 1,48
Huasapampa	0,96	77,19 ± 0,28	33,44 ± 0,97

Tabla 3. *Actividad antioxidante según depuración de radicales libres e inhibición de peroxidación lipídica. Los resultados se expresan como la media ± desvío estándar.*

Los valores de EC_{50} respectivos fueron de 1,29 y 1,48 mg/ml. Estos resultados difieren de los obtenidos por Moreira Vasconcelos y col., (2014) quienes reportaron menor actividad antioxidante, con un valor de EC_{50} de 4,73 mg/ml para un extracto etanólico de hojas de *H. impetiginosus* de la región de Maceió, Brasil. Sin embargo, de Sousa Araújo y col., (2015) quienes también ensayaron un extracto etanólico de hojas, en su caso procedente de la región de Cerrado, Brasil, determinaron un valor de EC_{50} de 0,35 mg/ml evidenciando mayor actividad antioxidante. En otros estudios realizados en extractos metanólicos de hojas y corteza de *H. impetiginosus* se reportaron valores de EC_{50} aún menores, evidenciando mayor actividad antioxidante (De Melo y col., 2010; Pires y col., 2015).

Las diferencias en la capacidad antioxidante de los extractos de *H. impetiginosus* halladas mediante el ensayo de depuración de radicales libres DPPH por los diferentes autores pueden deberse a los distintos ambientes de origen de los individuos empleados en los estudios, ya que en todos los casos se tomaron muestras en regiones geográficas diferentes, donde los arboles están expuestos a distintas condiciones ambientales.

En el ensayo de inhibición de peroxidación lipídica se halló que los ES de hojas provenientes de Piquete y Huasapampa exhiben los mayores %AA con valores de 34,13 ± 0,33 y 33,44 ± 0,97 %AA respectivamente. Mientras que los ES de San Pablo y El Talar presentaron los menores %AA con 16,76 ± 1,83 y 17,41 ± 1,95 %AA.

En la figura 28 se comparan los resultados expresados como porcentaje de actividad antioxidante (%AA) para ambos ensayos.

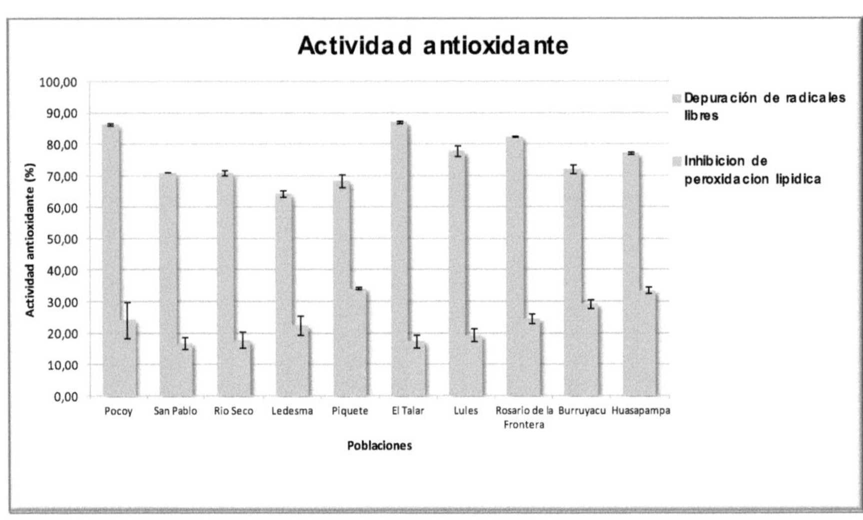

Figura 28. *Porcentaje de actividad antioxidante a una dosis de 2 mg/ml de cada ES, según depuración de radicales libres e inhibición de peroxidación lipídica.*

Se obtuvieron diferentes resultados según el método usado para la determinación de la actividad antioxidante. Para los diez ES se obtuvieron mayores %AA con el ensayo de depuración de radicales libres. Esto puede deberse a que el ensayo de inhibición de peroxidación lipídica está limitado a muestras de baja polaridad (Koleva y col., 2002) mientras que el Test de DPPH es independiente de la polaridad de los extractos a evaluar. Además en el test de inhibición de peroxidación lipídica se utiliza una emulsión, dando como resultado fenómenos de interfase que afectan el comportamiento antioxidante. Cabe destacar la paradoja polar formulada por Porter (1993), según la cual antioxidantes apolares exhiben mayor actividad antioxidante en emulsiones debido a que se concentran en la superficie lípido/aire, asegurando de esta forma mayor protección a la emulsión. Por otro lado, los antioxidantes polares se ubican en la fase acuosa donde están más diluidos y, por lo tanto, son menos efectivos para proteger el lípido (Porter, 1993; Shahidi y Zhong, 2011). Dado que los ES evidenciaron la presencia de compuestos de polaridades variables, el ensayo de depuración de radicales libres sería el más adecuado para cuantificar su actividad antioxidante.

También se evaluó la actividad depuradora de radicales libres para distintas concentraciones de ES (figura 29).

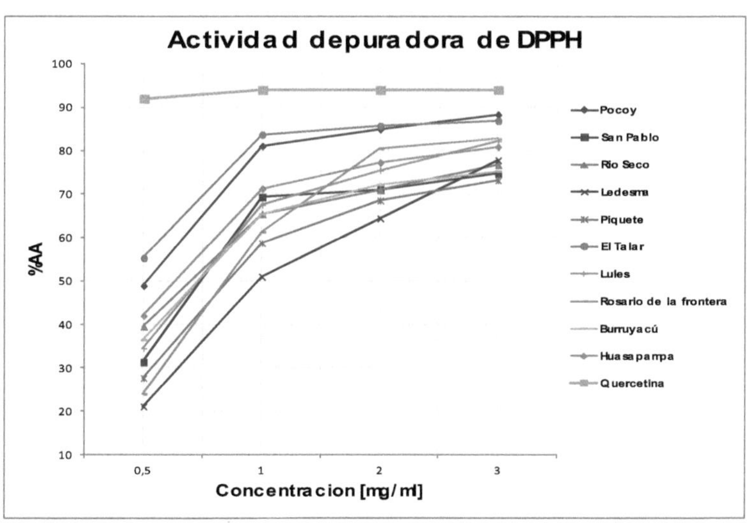

Figura 29*. Porcentaje de depuración de DPPH en función de la concentración de ES.*

Claramente se observa que el %AA es dependiente de la concentración de los ES. Estos resultados coinciden con los encontrados por otros autores utilizando este ensayo para evaluar la actividad antioxidante de esta especie y otras del mismo género (De Melo y col., 2010; Franco y col., 2013)

Por otra parte, en la figura 29 se observa que la población de El Talar presentó la mayor capacidad depuradora de radicales libres a la menor concentración evaluada. Sin embargo, la población de Pocoy es la que presentó mayor contenido de compuestos fenólicos, por lo tanto no fue posible correlacionar un mayor contenido de compuestos fenólicos con mayor actividad antioxidante. Esto puede deberse a que existen otros compuestos, diferentes de los polifenoles que contribuyen a la actividad antioxidante de los extractos.

Las evidencias surgidas de diversos estudios durante los últimos años demuestran que los radicales libres y las especies reactivas no radicalarias asociadas son necesarios para el normal funcionamiento del organismo (Sánchez-Valle & Méndez-Sánchez, 2013). Sin embargo, cuando la cantidad de los mismos excede la capacidad del sistema antioxidante endógeno, lleva a un estado de estrés oxidativo que ocasiona daños a moléculas biológicas, membranas y tejidos. De esa forma los RL en exceso, inducen o aceleran el desencadenamiento de varias enfermedades crónicas degenerativas como cáncer, enfermedades cardiovasculares, ateroesclerosis, alzhéimer, párkinson, desordenes neurales y envejecimiento (Bolton y col., 2000; Smith y col., 2000; Upston y col., 2003; Kinnula y Crapo, 2004; Hyun y col., 2006; Singh y Jialal, 2006; Sas y col., 2007).

Actualmente existe consenso entre los científicos, que una alternativa para la prevención de las enfermedades asociadas al estrés oxidativo son las sustancias antioxidantes provenientes de orígenes vegetales, y que una combinación de estas podría ser más efectiva a largo plazo que el uso de especies aisladas. Dado que el beneficio de los antioxidantes se basa en una mejora en la calidad de vida al prevenir o retardar la aparición de enfermedades degenerativas (Alam y col., 2013) es de suma importancia el estudio de fuentes naturales de compuestos con actividad antioxidante como los son las especies arbóreas entre ellas *H. impetiginosus.*

4.6. Actividad antifúngica

Según Tripathi y Shukla, (2007), del total de frutas y verduras producidas globalmente la perdida debida a descomposición causada por patógenos en la etapa poscosecha es entre el 15 y el 50 % dependiendo del cultivo y el país, esto se traduce en importantes perdidas económicas. Los cítricos, debido a su naturaleza suculenta y jugosa son susceptibles a la invasión por hongos filamentosos como *P. digitatum* causante de la podredumbre verde y *B. cinerea* causante de la podredumbre gris (Jhalegar y col., 2015). La principal medida para manejar las enfermedades poscosecha consiste en el uso de agroquímicos, como imazalil, bicarbonato de sodio, tiabendazol, pirimetanil y fludioxonil (Ismail & Zhang, 2004). Sin embargo, estos productos presentan desventajas tras el uso prolongado, como una alta residualidad, un periodo de degradación largo, efectos fitotóxicos y desarrollo de resistencia por parte de los patogenos, lo que conduce a efectos negativos en la salud humana y el medio ambiente (Tripathi y Shukla, 2007). Por estos motivos, sumados al interés de la población en productos amigables con el medio ambiente, ha aumentado el interés en el estudio de productos naturales biodegradables y no tóxicos, como una alternativa a los agroquímicos (Wisniewski y col., 2001; Tripathi y Shukla, 2007; Jhalegar y col., 2015). Entre los productos naturales, el uso de extractos vegetales, se plantea como una forma de control biológico promisoria para el manejo de las enfermedades de poscosecha de los citrus (Carbajo Romero, 2004).

Se evaluó la actividad antifúngica de los diez ES frente a dos cepas patógenas causantes de enfermedades poscosecha, *Penicillium digitatum* y *Botrytis cinerea*, mediante el ensayo de difusión en agar. No se observó inhibición del crecimiento en ninguna de las dos cepas ensayadas, en ambos casos las placas mostraron desarrollo de micelio luego de la incubación.

4.6.1. *Botrytis cinerea*

En la figura 30 se observan las placas conteniendo medio solido APG 2% y la suspensión de conidios de *B. cinerea* en agar blando luego de un periodo de incubación de 72 h a 25 ° C. Los pocillos numerados del 1 al 10 fueron inoculados con los distintos ES. El halo de inhibición visible corresponde al pocillo sembrado con el fungicida Switch (S). Alrededor de los pocillos sembrados con las disoluciones etanólicas del ES se registró un desarrollo normal del patógeno, visualizándose el micelio blanco grisáceo característico.

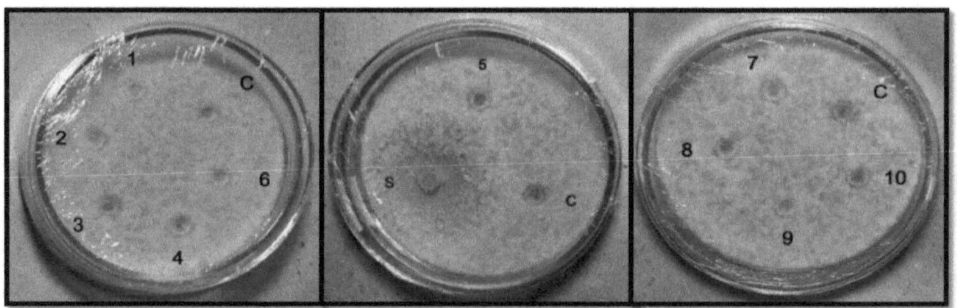

Figura 30*. Crecimiento de micelio de Botrytis tras la incubación.*

En la literatura se encontraron diferentes resultados respecto a la actividad antifúngica de varios extractos vegetales frente a *B. cinerea*. En un estudio realizado por Bahraminejad y col., (2015) con extractos metanólicos de 43 plantas, se encontró que el 70 % redujo el crecimiento del micelio de *B. cinerea*. Por otro lado, Hammami y col., (2011) ensayaron la actividad antifúngica de extractos metanólicos y aceites esenciales de *Viola odorata* frente a este patógeno. En este caso se observó que mientras el aceite esencial exhibió fuerte actividad inhibitoria del patógeno, el extracto metanólico no presentó actividad antifúngica. Además, numerosos extractos vegetales obtenidos a partir de especies de distintos géneros han demostrado poseer actividad antifúngica frente a *B. cinerea* (Bautista-Baños y col., 2003; Vio-Michaelis y col., 2012; Bhagwat y Datar, 2014; Bahraminejad y col., 2015).

4.6.2. Penicillium digitatum

En la figura 31 se observan las placas conteniendo medio solido APG 2% y la suspensión de conidios de *P. digitatum* en agar blando, luego de 5 días de incubación a 25° C. Se muestran los pocillos inoculados con los distintos ES numerados del 1 al 10 y el control negativo sembrado con etanol 96 ° (C). En ambas placas se visualiza el desarrollo de micelio blanco, algodonoso.

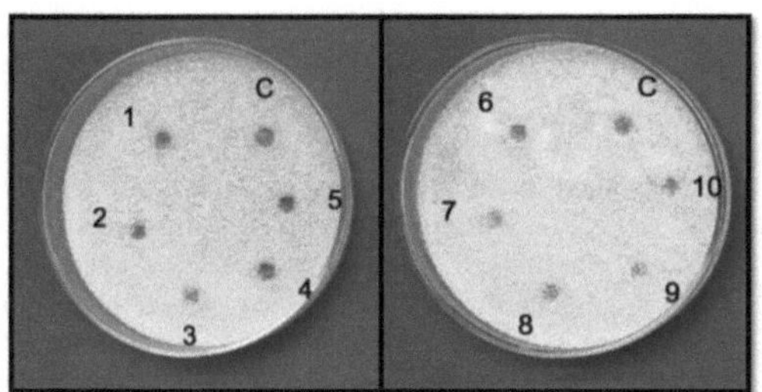

Figura 31*. Crecimiento de micelio de Penicillium tras la incubación.*

Según lo reportado por Whiteside y col., (1988); Fajardo y col., (1998); Carbajo Romero, (2004) y Kinay y col., (2007) el primer síntoma de la enfermedad se manifiesta a los dos días como la aparición de micelio blanco en un área pequeña alrededor del punto de inoculación, que luego aumenta de tamaño, y a los cuatro días se observa aparición de los conidios los cuales son de color verde oliva. En las condiciones de nuestro estudio y luego de la incubación se observó desarrollo de micelio color blanco que permaneció de ese color, y no se registró el cambio de color a verde oliva correspondiente a

49

los conidios de *P. digitatum*. Por lo tanto, si bien el agregado de los extractos no inhibieron el crecimiento del micelio del patógeno, los ES podrían estar afectando otras etapas del desarrollo de *P. digitatum* (Montes y col., 2000). Por lo que sería interesante realizar en un futuro estudios in vitro de inhibición de esporulación e inhibición de germinación de esporas.

En la búsqueda de alternativas a los fungicidas químicos se han investigado numerosas especies vegetales tales como *Pithecellobium dulce, Withania somnífera, Acacia seyalcomo, Azadirachta indica, Cerbera odollam* y *Cymbopogon nardus* como fuentes de extractos naturales con actividad antifúngica frente a *P. digitatum* (Bautista-Baños y col., 2003; Mekbib y col., 2007; Al-Samarrai y col., 2012; Musto y col., 2014) entre otras. En todos estos casos se encontraron resultados positivos en cuanto a la actividad antifúngica de las especies utilizadas. Según Musto y col., (2014) se puede correlacionar la actividad antimicrobiana con los metabolitos secundarios presentes en los extractos en estudio, como alcaloides, esteroides, flavonoides, terpenos, y taninos entre otros.

Dado que el tipo y la concentración de los metabolitos secundarios sintetizados por las plantas dependen de la especie, genotipo, fisiología, estado de desarrollo, y del impacto diferenciado de los factores ambientales sobre las vías metabólicas implicadas en su producción, durante el desarrollo de la misma (Isah, 2019), los resultados obtenidos son variables y dependen tanto de las condiciones ambientales de crecimiento de la planta, la época de recolección del material vegetal, como así también de la familia, género y especie estudiada.

Sumado a lo anterior, según Mari y col., (2003) las variaciones en la actividad antimicrobiana de los compuestos naturales, se deben en gran medida a la diferencia de solubilidad en el medio de cultivo, la capacidad de interactuar con la membrana plasmática del patógeno, y a la sensibilidad propia de cada cepa.

Entre todos estos factores se puede encontrar el motivo por el cual los ES no presentaron actividad antifúngica frente a *B. cinerea*, y no inhibieron el crecimiento del micelio de *P. digitatum* bajo las condiciones de estudio.

Finalmente, en cuanto a estudios realizados en *H. impetiginosus* con el objetivo de investigar la actividad antifúngica frente a patógenos de poscosecha no se han encontrado antecedentes en la literatura. Los informes existentes se centran en estudios de actividad antifúngica de *H. impetiginosus* y otras especies del género frente a hongos patógenos humanos, causantes de enfermedades de la piel. Se encontró que extractos etanólicos de *Handroanthus caraiba* eran capaces de inhibir a dos tipos de dermatofitos frecuentes, *Candida albicans* y *Trychophyton rubrum,* este último en mayor medida (Melo E Silva y col., 2009). Además, extractos metanólicos de *H. impetiginosus* demostraron una potente actividad frente a varias especies del género *Candida* según Höfling y col., (2010) y se determinó que extractos metanólicos y acuosos fueron capaces de inhibir el crecimiento de varias cepas patógenas humanas como *Aspergillus fumigatus, Crytococcus neoformans, Microsporum gypseum, Penicillium purpurogenum, Saccharomyces cerevisiae* and *Trichophyton mentagrophytes* (Portillo y col., 2001).

Los resultados obtenidos en este estudio justifican continuar evaluando los ES con ensayos de inhibición de la esporulación para el control de estos patógenos en bioensayos *in vivo*.

4.7. Citotoxicidad

Se ensayaron diferentes concentraciones de ES para cada una de las poblaciones. Ninguna población presentó citotoxicidad hacia los nauplios de *Artemia salina* en las concentraciones evaluadas. Tras 24 h en contacto todos los nauplios permanecieron vivos, con movimientos normales y evidenciaron crecimiento igual que el control de viabilidad.

En la tabla 4 se resumen los valores de CL_{50} y grado de toxicidad según la escala de (Valdés-Iglesias y col., 2003) obtenidos para los diez extractos y controles.

Muestra	CL_{50} [µg/ml]	Grado de toxicidad
Pocoy	>1000	No tóxico
San Pablo	>1000	No tóxico
Río Seco	>1000	No tóxico
Ledesma	>1000	No tóxico
Piquete	>1000	No tóxico
El Talar	>1000	No tóxico
Lules	>1000	No tóxico
Rosario de la Frontera	>1000	No tóxico
Burruyacú	>1000	No tóxico
Huasapampa	>1000	No tóxico
Dicromato de potasio	45	Muy tóxico

Tabla 4. Ensayo de citotoxicidad con larvas de Artemia salina. CL50: Concentración letal 50.

El valor de concentración letal media (CL_{50}) es > 1000 µg/ml para las diez poblaciones evaluadas, esto demuestra que ninguna de ellas exhibe citotoxicidad.

Los resultados concuerdan con los obtenidos *in vitro* por Moreira Vasconcelos y col., (2014) quienes determinaron que los extractos etanólicos de hojas de *H. impetiginosus* no presentaban citotoxicidad mediante el método de MTT.

Los resultados sugieren que los ES son seguros para su uso fitoterapéutico, pudiendo ser empleados como ingredientes de nuevos productos nutracéuticos. Si bien, este bioensayo representa un paso inicial en la determinación de la toxicidad de las muestras, son necesarios estudios toxicológicos más profundos.

5. CONCLUSIONES

- Los diez ES evaluados presentaron una composición química semejante. Las diferencias encontradas fueron en cuanto a cantidad de compuestos presentes.

- Todos los ES son ricos en compuestos fenólicos, tanto flavonoides como no flavonoides, esto genera un valor agregado para la especie como fuente de sustancias antioxidantes exógenas naturales, una alternativa muy útil para la prevención de enfermedades crónicas degenerativas.

- Los diez ES presentan actividad antioxidante depuradora de radicales libres.

- No fue posible correlacionar un mayor %AA con mayor contenido de compuestos fenólicos, por lo que se cree que en los ES están presentes otros compuestos que contribuyen al efecto antioxidante.

- Los ES no inhibieron el crecimiento de ninguna de las cepas fitopatógenas empleadas.

- Los ES podrían estar inhibiendo la esporulación y/o germinación de esporas en *P. digitatum*.

- Se demostró que los ES no presentan citotoxicidad en un modelo como *Artemia salina*, dato de relevancia para el potencial uso de un producto derivado del extracto de *Handroanthus impetiginosus* como agregado alimenticio sin resultar perjudicial para la salud.

6. PROYECCIONES

- La información generada mediante esta evaluación fitoquímica de la especie resulta fundamental en el proceso de domesticación de la especie, en vistas de un manejo adecuado de la misma con fines de reforestación y recuperación de áreas degradadas del bosque nativo de las yungas.

- Es importante incentivar el uso responsable de los recursos forestales, en especial en áreas degradadas. La recuperación de las áreas degradadas de bosque nativo como lo es la SP de las Yungas, con especies nativas como *H. impetiginosus*, es crucial para restaurar el equilibrio ambiental, mitigar las emisiones de gases de efecto invernadero, y conservar la biodiversidad, problemas ocasionados por el uso descontrolado de los recursos.

- Es recomendable avanzar en los estudios sobre los recursos forestales nativos con el objetivo de encontrar y aislar metabolitos bioactivos que puedan servir para desarrollar productos con alto valor agregado.

7. BIBLIOGRAFÍA

Al-Samarrai, G., Singh, H., & Syarhabil, M. (2012). Evaluating eco-friendly botanicals (natural plant extracts) as alternatives to synthetic fungicides. *Annals of Agricultural and Environmental Medicine*, *19*(4), 673–676.

Alam, N., Bristi, N. J., & Rafiquzzaman, M. (2013). Review on in vivo and in vitro methods evaluation of antioxidant activity. *Saudi Pharmaceutical Journal*, *21*(2), 143–152.

Almaraz-Abarca, N., Ávila Reyes, J. A., Delgado-Alvarado, E. A., Naranjo-Jiménez, N., & Herrera-Corral, J. (2006). El metabolismo secundario de las plantas, un nuevo concepto. *Vidsupra*, *1*(2), 39–50.

Alonso, J. R. (2000). El lapacho. *Revista de Fitoterapia*, *1*(2), 107–117.

Álvarez Giraldo, A. R. (2013). *Actividad anti-inflamatoria de los extractos polares y apolares de las flores de Handroanthus chrysanthus (Jacq.) S.O. Grose*. Universidad Tecnológica de Pereira.

Ávalos García, A., & Pérez-Urria Carril, E. (2009). Metabolismo secundario de plantas. *REDUCA (Biología)*, *2*(3), 119–145.

Bahraminejad, S., Amiri, R., & Abbasi, S. (2015). Anti-fungal properties of 43 plant species against *Alternaria solani* and *Botrytis cinerea*. *Archives of Phytopathology and Plant Protection*, *48*(4), 336–344.

Balducci, E. D., Arturi, M. F., Goya, J. F., & Brown, A. D. (2009). *Potencial de plantaciones forestales en el pedemonte de las Yungas*. (E. del Subtrópico, Ed.). Yerba Buena, Tucumán, Argentina: Ediciones del Subtrópico.

Barnett, H. L., & Hunter, B. B. (1998). *Ilustrated Genera of Imperfect Fungi*. (A. P. Society, Ed.) (4th ed.). St. Paul, Minnesota.

Bautista-Baños, S., García-Domínguez, E., Barrera-Necha, L. L., Reyes-Chilpa, R., & Wilson, C. L. (2003). Seasonal evaluation of the postharvest fungicidal activity of powders and extracts of huamuchil (*Pithecellobium dulce*): Action against *Botrytris cinerea*, *Penicillium digitatum* and *Rhizopus stolonifer* of strawberry fruit. *Postharvest Biology and Technology*, *29*(1), 81–92.

Bazioli, J. M., Belinato, J. R., Costa, J. H., Akiyama, D. Y., de Moraes Pontes, J. G., Kupper, K. C., … Pacheco Fill, T. (2019). Biological Control of Citrus Postharvest Phytopathogens. *Toxins*, *11*(8), 460–482.

Bhagwat, M. K., & Datar, A. G. (2014). Antifungal activity of herbal extracts against plant pathogenic fungi. *Archives of Phytopathology and Plant Protection*, *47*(8), 959–965.

Bolton, J. L., Trush, M. A., Penning, T. M., Dryhurst, G., & Monks, T. J. (2000). Role of quinones in toxicology. *Chemical Research in Toxicology*, *13*(3), 135–160.

Boriollo, M. F. G., Silva, T. A., Rodrigues-Netto, M. F., Silva, J. J., Marques, M. B., Dias, C. T. S., … Oliveira, N. M. S. (2017). Reduction of doxorubicin-induced genotoxicity by *Handroanthus impetiginosus* in mouse bone marrow revealed by micronucleus assay. *Brazilian Journal of Biology*, *78*(1), 1–12.

Braga de Oliveira, A., Raslan, D. S., de Oliveira, G. G., & Maia, J. G. S. (1993). Lignans and naphthoquinones from *Tabebuia incana*. *Phytochemistry*, *34*(5), 1409–1412.

Brand-Williams, W., Cuvelier, M. E., & Berset, C. (1995). Use of a Free Radical Method to Evaluate Antioxidant Activity. *LWT-Food Science and Technology*, *28*(1), 25–30.

Brown, A. (2009). Bosques Nativos de Argentina. ¿Seguimos lamentando lo perdido o vemos que hacemos con lo que tenemos? En *Congreso Forestal Mundial 2009* (p. 5). Buenos Aires,

Argentina: Fundación Proyungas.

Brown, A. D., Blendinger, P. G., Lomáscolo, T., & García Bes, P. (2013). *Selva pedemontana de las Yungas. Historia natural, ecología y manejo de un ecosistema en peligro*. (E. del Subtrópico, Ed.) (1st ed.). Yerba Buena, Tucumán, Argentina.

Brown, Alejandro D., Blendinger, P. G., Lomáscolo, T., & García Bes, P. (2009). *Selva pedemontana de las yungas*. (Ediciones del Subtrópico, Ed.). Yerba Buena, Tucumán, Argentina.

Brown, G. E., & Eckert, J. W. (1988). *Postharvest fungal diseases. Compendium of citrus diseases*. (J. O. Whiteside, S. M. Garnsey, & L. W. Timmer, Eds.) (2nd ed.). St. Paul, Minnesota, USA: The American Phytopathological Society.

Bruneton, J. (2001). *Farmacognosia. Fitoquimica. Plantas Medicinales*. (S. A. Acribia, Ed.) (2nd ed.). Zaragoza, España.

Carbajo Romero, M. S. (2004). *Sistemas alternativos a los fungicidas químicos para el control de Penicillium digitatum (Pers.) Sacc. en limón*. Universidad de Buenos Aires.

Carbajo Romero, M. S., Aguirre, C. M., Farias, M. F., & Torres Leal, G. (2019). *El cultivo de limón: fenología y principales enfermedades en Tucumán*. (INTA, Ed.) (1st ed.). Ciudad Autónoma de Buenos Aires.

Cartaya, O., & Reynaldo, I. (2001). Flavonoides: caracteristicas químicas y aplicaciones. *Cultivos Tropicales*, *22*(2), 5–14.

Chen, J., Shen, Y., Chen, C., & Wan, C. (2019). Inhibition of Key Citrus Postharvest Fungal Strains by Plant Extracts In Vitro and In Vivo: A Review. *Plants*, *8*(2), 26.

Coertze, S., & Holz, G. (2002). Epidemiology of *Botrytis cinerea* on Grape: Wound infection by Dry, Airbone Conidia. *South African Journal for Enology and Viticulture*, *23*(2), 72–91.

Colina Ramos, A. C. (2016). *Análisis fitoquímico, determinación cualitativa y cuantitativa de flavonoides y taninos, actividad antioxidante, antimicrobiana de las hojas de "Muehlenbeckia hastulata (J. E. Sm) I. M. Johnst" de la zona de Yucay (Cusco)*. Universidad Nacional Mayor de San Marcos.

Cseke, L. J., Kirakosyan, A., Kaufman, P. B., Warber, S., Duke, J. A., & Brielman, H. . (2006). *Natural products from Plants*. (Taylor Francis, Ed.) (2nd ed.). Boca Raton, Florida, USA.

De Melo, J. G., De Sousa Araújo, T. A., De Almeida Castro, V. T. N., De Vasconcelos Cabral, D. L., Do Desterro Rodrigues, M., Do Nascimento, S. C., … De Albuquerque, U. P. (2010). Antiproliferative activity, antioxidant capacity and tannin content in plants of semi-arid northeastern Brazil. *Molecules*, *15*(12), 8534–8542.

de Oliveira, A. B., Raslan, D. S., de Oliveira, G. G., & Maia, J. G. S. (1993). Lignans and naphthoquinones from *Tabebuia incana*. *Phytochemistry*, *34*, 1409–1412.

de Sousa Araújo, T. A., da Silva Peixoto Sobrinho, T. J., dos Santos Aguiar, J., Oliveira da Silva, A. C., Uchoa Brito, F., Gonçalves da Silva, T., … da Silva Pranchevicius, M. C. (2015). Phytochemical, antioxidant and cytotoxic analysis of Brazilian cerrado plants: Preliminary evidence of their antitumor activity. *Journal of Medicinal Plants Research*, *9*(9), 310–319.

Dhingra, O. D., & Sinclair, J. B. (1985). Biological control. In C. Press (Ed.), *Basic plant phatology methods* (1st ed., pp. 245–258). Boca Raton, Florida, U.S.A.

Díaz, F., & Medina, J. D. (1996). Furanonaphthoquinones from *Tabebuia ochracea ssp. neochrysanta*. *Journal of Natural Products*, *59*(4), 423–424.

Duarte, J. L., Tapajós Mota, L. josé, & Moreira da Silva de Almeida, S. S. (2014). Análise fitoquímica das folhas de *Tabebuia serratifolia* (Vahl) Nicholson (Ipê Amarelo). *Estação Científica (UNIFAP)*, *4*(1), 33–43.

Ellis, M. B. (1976). *More Dematiaceous Hyphomycetes*. (C. A. Bureaux, Ed.). Surrey, England: Commonwealth Mycological Institute.

Fajardo, J. E., McCollum, T. G., McDonald, R. E., & Mayer, R. T. (1998). Differential induction of proteins in orange flavedo by biologically based elicitors and challenged by *Penicillium digitatum* Sacc. *Biological Control*, *13*(3), 143–151.

FAO. (1999). Servicios ambientales y sociales proporcionados por los bosques. Recuperado de http://www.fao.org/3/w9950s/w9950s04.htm

FAO. (2015). *Recursos Forestales Mundiales 2015*. (FAO, Ed.) (2nd ed.). Roma, Italia.

Federcitrus. (2018). La Actividad Citricola Argentina. Buenos Aires, Argentina: Federación Argentina del Citrus.

Fourie, J. F., & Holz, G. (1995). Initial Infection Processes by *Botrytis cinerea* on Nectarine and Plum Fruit and the Development of Decay. *Phytopathology*, *85*(1), 82–87.

Foy Valencia, E., Mac Donald, D., Cuyos, M., & Dueñas, R. (2005). Extracción , identificación y evaluación de saponinas en *Agaricus bisporus*. *Biotempo*, *5*, 31–36.

Franco, L., Castro, J., Ocampo, Y., Pájaro, I., & Díaz, F. (2013). Actividad antiinflamatoria, antioxidante y antibacteriana de dos especies del género *Tabebuia*. *Revista Cubana de Plantas Medicinales*, *18*(1), 34–46.

Franquis, F., & Infante, A. (2003). Los bosques y su importancia para el suministro de servicios ambientales. *Revista Forestal Latina*, *34*, 17–30.

Frisvad, J. C., & Samson, R. A. (2004). Polyphasic taxonomy of *Penicillium* subgenus *Penicillium*: A guide to identification of food and air-borne terverticillate Penicillia and their mycotoxins. *Studies in Mycology*, *49*, 1–174.

Gábor, M. (1979). Anti-Inflammatory Substances of Plant Origin. In J. R. Vane & S. H. Ferreira (Eds.), *Anti-Inflammatory Drugs* (pp. 698–739). Springer-Verlag Berlin Heidelberg.

García, M. A., Aguilar, A., Gutiérrez, M., Rodríguez, F., Morales, J. A., Guerrero, P. J., … Del-toro-sánchez, C. (2016). Identificacíon cualitativa de metabolitos secundarios y determinación de la citotoxicidad de extractos de tempisque (*Sideroxylum capiri* PITTIER). *Biotecnia*, *18*(3), 3–8.

Gasparri, I., Parmuchi, G. M., Manghi, E., Strada, M., Montenegro, C., & Bono, J. (2004). *Mapa Forestal Provincia de Tucumán*. Tucumán, Argentina.

Giacoponi de Zambrano, M. I. (2016). La peroxidación lipídica y enfermedades cronicas degenerativas. *Tribuna Del Investigador*, *17*(1), 171–188.

Gibaja Oviedo, S. (1998). Identificación de quinonas. En *Pigmentos Naturales Quinonicos* (Fondo Edit, pp. 165–188). Lima, Perú: Universidad Mayor de San Marcos.

Godin, P. (1954). A New Spray Reagent for Paper Chromatography of Polyols and Cetoses. *Nature*, *174*, 134.

Gómez Castellanos, J. R., Prieto, J. M., & Heinrich, M. (2009). Red Lapacho (Tabebuia impetiginosa)-A global ethnopharmacological commodity? *Journal of Ethnopharmacology*, *121*(1), 1–13.

Grignola, J., Fornes, L., Saravia, P., Trapani, A., Ledesma, T., Tarnowsky, C., … Frías, A. (2018). Rescate de *Handroanthus impetiginosus* de las Yungas argentinas y conservación ex situ en Huerto Semillero Clonal. En *7° Jornadas Forestales del NOA. Actualidad y prospectiva del sector forestal de la región*.

Guclu-Ustundag, Ö., & Mazza, G. (2007). Saponins: Properties, applications and processing. *Critical Reviews in Food Science and Nutrition*, *47*(3), 231–258.

Hammami, I., Kamoun, N., & Rebai, A. (2011). Biocontrol of *Botrytis cinerea* with essential oil and methanol extract of *Viola odorata* L. flowers. *Archives of Applied Science Research*, *3*(5), 44–51.

Hartmann, T. (1992). Alkaloids. En G. Rosenthal & M. Berenbaum (Eds.), *Herbivores: Their Interactions with Secondary Plant Metabolites* (Vol. 1, pp. 79–121).

Hartmann, Thomas. (2007). From waste products to ecochemicals: Fifty years research of plant secondary metabolism. *Phytochemistry*, *68*(22–24), 2831–2846.

Harvey, J. M. (1978). Reduction of Losses in Fresh Market Fruits and Vegetables. *Annual Review of Phytopathology*, *16*(1), 321–341.

Höfling, J., Anibal, P., Obando-Pereda, G., Peixoto, I., Furletti, V., Foglio, M., & Gonçalves, R. (2010). Antimicrobial potential of some plant extracts against *Candida* species. *Brazilian Journal of Biology*, *70*(4), 1065–1068.

Hook, I., Mills, C., & Sheridan, H. (2014). Bioactive naphthoquinones from higher plants. In *Studies in Natural Products Chemistry* (1st ed., Vol. 41, pp. 119–160). Dublin, Irlanda: Elsevier B.V. Hung, S. H., Yu, C. W., & Lin, C. H. (2005). Hydrogen peroxide functions as a stress signal in plants. *Botanical Bulletin of Academia Sinica*, *46*(1), 1–10.

Hyun, D. H., Hernandez, J. O., Mattson, M. P., & de Cabo, R. (2006). The plasma membrane redox system in aging. *Ageing Research Reviews*, *5*(2), 209–220.

Isah, T. (2019). Stress and defense responses in plant secondary metabolites production. *Biological Research*, *52*, 1–25.

Isla, M. I., Salas, A., Danert, F. C., Zampini, I. C., & Ordoñez, R. M. (2014). Analytical methodology optimization to estimate the content of non-flavonoid phenolic compounds in Argentine propolis extracts. *Pharmaceutical Biology*, *52*(7), 835–840.

Ismail, M., & Zhang, J. (2004). Post-harvest Citrus Diseases and their control. *Outlooks on Pest Management*, *15*(1), 29–35.

Jhalegar, J., Sharma, R. R., & Singh, D. (2015). In vitro and in vivo activity of essential oils against major postharvest pathogens of Kinnow (*Citrus nobilis* × *C*. *deliciosa*) mandarin. *Journal of Food Science and Technology*, *52*(4), 2229–2237.

Kiage Mokua, B. N., Roos, N., & Schrezenmeir, J. (2012). Lapacho tea (*Tabebuia impetiginosa*) extract inhibits pancreatic lipase and delays postprandial triglyceride increase in rats. *Phytotherapy Research*, *26*(12), 1878–1883.

Kinay, P., Mansour, M. F., Mlikota Gabler, F., Margosan, D. A., & Smilanick, J. L. (2007). Characterization of fungicide-resistant isolates of *Penicillium digitatum* collected in California. *Crop Protection*, *26*(4), 647–656.

Kinnula, V. L., & Crapo, J. D. (2004). Superoxide dismutases in malignant cells and human tumors. *Free Radical Biology and Medicine*, *36*(6), 718–744.

Kohen, R., & Nyska, A. (2002). Oxidation of biological systems: Oxidative stress phenomena, antioxidants, redox reactions, and methods for their quantification. *Toxicologic Pathology*, *30*(6), 620–650.

Koleva, I. I., Van Beek, T. A., Linssen, J. P. H., De Groot, A., & Evstatieva, L. N. (2002). Screening of plant extracts for antioxidant activity: A comparative study on three testing methods. *Phytochemical Analysis*, *13*(1), 8–17.

Koyama, J., Morita, I., Tagahara, K., & Hirai, K. J. (2000). Cyclopentene dialdehydes form *Tabebuia impetiginosa*. *Phytochemistry*, *53*, 869–872.

Laporte Bisquit, A., Patentreger, B., & Daisy, T. (2012). *Descripción argumentada de los servicios brindados por los bosques. Envolvert* (Vol. 1).

Lemos, O. A., Sanches, J. C. M., Silva, I. E. F., Silva, M. L. A., Vinhólis, A. H. C., Felix, M. A. P., … Cecchi, A. O. (2012). Genotoxic effects of *Tabebuia impetiginosa* (Mart. Ex DC.) Standl. (Lamiales, Bignoniaceae) extract in Wistar rats. *Genetics and Molecular Biology*, *35*(2), 498–502.

Lemos Pinto, G., dos Santos Nascimento, J., Santos de Souza, L., Montenegro, P., dos Santos Silva, R., & Chavez Jimenez, G. (2013). Ipê roxo, *Tabebuia avellanedae* : atividade antioxidante, citotóxica e atividade espontânea em camundongos. En *XIII Jornada De Ensino, Pesquisa E Extensão – Jepex 2013* (pp. 1–3).

Li, Y., Yao, J., Han, C., Yang, J., Chaudhry, M. T., Wang, S., … Yin, Y. (2016). Quercetin, Inflammation and Immunity. *Nutrients*, *8*(3), 1–14.

Lomáscolo, T., Brown, A. D., & Malizia, L. R. (2010). *Reserva de Biosfera de Las Yungas*. (E. del Subtrópico, Ed.). Yerba Buena, Tucumán, Argentina.

López, F. A. T., Mondragón, L. D. V., & Hernández, G. P. (2006). Los flavonoides y el sistema cardiovascular: ¿Pueden ser una alternativa terapéutica?. *Archivos de Cardiologia de Mexico*, *76*(4), 33–45.

Lopez Luengo, M. T. (2002). Flavonoides. *OFFARM*, *21*(4), 108–113.

Machlin, L., & Bendich, A. (1987). Free radical tissue damage: protective role of antioxidant nutrients. *FASEB Journal: Official Publication of the Federation of American Societies for Experimental Biology*, *1*(6), 441–445.

Mari, M., Bertolini, P., & Pratella, G. C. (2003). Non-conventional methods for the control of post-harvest pear diseases. *Journal of Applied Microbiology*, *94*(5), 761–766.

Martínez-Flórez, S., González-Gallego, J., Culebras, J. M., & Tuñón, M. J. (2002). Los flavonoides: Propiedades y acciones antioxidantes. *Nutricion Hospitalaria*, *17*(6), 271–278.

Martínez-Grau, M. A., Csáky, A. G. (1998). *Técnicas Experimentales en sintesis orgánica*. (Sintesis Ed.). Madrid, España.

Mclaughlin, J. L., Rogers, L. L., & Anderson, J. E. (1998). The use of biological assays to evaluate botanicals. *Drug Information Journal*, *32*(2), 513–524.

Mekbib, S. B., Regnier, T. J. C., & Korsten, L. (2007). Control of *Penicillium digitatum* on citrus fruit using two plant extracts and study of their mode of action. *Phytoparasitica*, *35*(3), 264–276.

Melo E Silva, F., De Paula, J. E., & Espindola, L. S. (2009). Evaluation of the antifungal potential of Brazilian Cerrado medicinal plants. *Mycoses*, *52*(6), 511–517.

Menge, J. A. (1988). Botrytis blight. En J. O. Whiteside, S. M. Garnsey, & L. W. Timmer (Eds.), *Compendium of citrus diseases* (1st ed., pp. 2–36). St. Paul, Minnesota: The American Phytopathological Society.

Meyer, B. N., Ferrigni, N. R., Putnam, J. E., Jacobsen, L. B., Nichols, D. E., & McLaughlin, J. L. (1982). Brine Shrimp: A Convenient General Bioassay for Active Plant Constituents. *Planta Medica*, *45*(5), 31–34.

Montes R, Cruz V, Martínez G, Sandoval G, García R, Zilch S, Bravo L, Bermúdez K, Flores HE, Carvajal M. 2000. Propiedades antifúngicas de plantas superiores. Análisis retrospectivo de investigaciones. Revista Mexicana de Fitopatología 18: 125-131.

Moreira Vasconcelos, C., Chaves Vasconcelos, T. L., Póvoas, F. T. X., Pires dos Santos, R. F. E., da Costa Maynart, W. H., Gomes de Almeida, T., … de Assis Bastos, M. L. (2014). Antimicrobial , antioxidant and cytotoxic activity of extracts of *Tabebuia impetiginosa* (Mart . ex DC .) Standl . *Journal of Chemical and Pharmaceutical Research*, *6*(7), 2673–2681.

Musto, M., Potenza, G., & Cellini, F. (2014). Inhibition of *Penicillium digitatum* by a crude extract from *Solanum nigrum* leaves. *Biotechnology, Agronomy, Society and Environment*, *18*(2), 174–180.

O'Brien, P. J. (1991). Molecular mechanisms of quinone cytotoxicity. *Chemico-Biological Interactions*, *80*, 1–41.

Olivas-Aguirre, F. J., Wall-Medrano, A., González-Aguilar, G. A., López-Díaz, J. A., Álvarez-Parrilla, E., De La Rosa, L. A., & Ramos-Jimenez, A. (2015). Taninos hidrolizables; bioquímica, aspectos nutricionales y analíticos y efectos en la salud. *Nutricion Hospitalaria*, *31*(1), 55–66.

Oliveira de Sousa, A., Matias, R., Morbeck de Oliveira, A. K., & Silva Santos, K. (2015). Abordagem fitoquímica e avaliação da atividade antimicrobiana de plantas do pantanal mato grosso do sul. In *Seminário de Iniciação Científica* (p. 5).

Oswald, E. H. (1993). Lapacho. *British Journal of Phytotherapy*, *3*, 112–117.

Palou, L., Smilanick, J. L., & Droby, S. (2008). Alternatives to conventional fungicides for the control of citrus postharvest green and blue moulds. *Stewart Postharvest Review*, *4*(2), 1–16.

Papas, A. M. (1996). Determinants of antioxidant status in humans. *Lipids*, *31*(1), 77–82.

Parente, E., & Hill, C. (1992). A comparison of factors affecting the production of two bacteriocins from lactic acid bacteria. *Journal of Applied Bacteriology, 73*(4), 290–298.

Park, B. S., Lee, H. K., Lee, S. E., Piao, X. L., Takeoka, G. R., Wong, R. Y., … Kim, J. H. (2006). Antibacterial activity of *Tabebuia impetiginosa* Martius ex DC (Taheebo) against *Helicobacter pylori*. *Journal of Ethnopharmacology, 105*, 255–262.

Pássaro Carvalho, C., Nunes, C., & Palou, L. (2012). Control de enfermedades de poscosecha. In C. U. Lasallista (Ed.), *Cítricos: cultivo, poscosecha e industrialización*. (1st ed., pp. 285–305). Caldas, Colombia.

Pires, T. C. S. P., Dias, M. I., Calhelha, R. C., Carvalho, A. M., Queiroz, M. J. R. P., Barros, L., … McPhee, D. J. (2015). Bioactive properties of *Tabebuia impetiginosa*-based phytopreparations and phytoformulations: A comparison between extracts and dietary supplements. *Molecules, 20*(12), 22863–22871.

Porter, L. J. (1989). Tannins. Methods in plant biochemistry. En J. B. Harbone (Ed.), *Plants Biochemistry* (Vol. 1, pp. 389–419). Londres: London Academic Press.

Porter, W. L. (1993). Paradoxical Behavior of Antioxidants. *From Toxicology and Industrial Health, 9*, 93–122.

Portillo, A., Vila, R., Freixa, B., Adzet, T., & Cañigueral, S. (2001). Antifungal activity of Paraguayan plants used in traditional medicine. *Journal of Ethnopharmacology, 76*(1), 93–98.

Quiñones, M., Miguel, M., & Aleixandre, A. (2012). Los polifenoles, compuestos de origen natural con efectos saludables sobre el sistema cardiovascular. *Nutrición Hospitalaria, 27*(1), 76–89.

Romanazzi, G., & Feliziani, E. (2014). *Botrytis cinerea* (Gray Mold). En A. Press (Ed.), *Postharvest Decay: Control Strategies* (pp. 131–146). Elsevier.

Sánchez-Valle, V., & Méndez-Sánchez, N. (2013). Estrés oxidativo, antioxidantes y enfermedad. *Revista de Investigación Médica Sur, 20*(3), 161–168.

Santos, R. A., Cabral, T. R., Cabral, I. R., Antunes, L. M. G., Andrade, C. P., Cardoso, P. C. S., … Takahashi, C. S. (2008). Genotoxic effect of *Physalis angulata* L. (Solanaceae) extract on human lymphocytes treated in vitro. *Biocell, 32*(2), 195–200.

Sas, K., Robotka, H., Toldi, J., & Vécsei, L. (2007). Mitochondria, metabolic disturbances, oxidative stress and the kynurenine system, with focus on neurodegenerative disorders. *Journal of the Neurological Sciences, 257*(1–2), 221–239.

Saunt, J. (2000). *Citrus varieties of the world. An illustrated guide*. (S. I. B. Resources, Ed.) (2nd ed.). Norwich, England: Sinclair International Ltd.

Secretaria de Ambiente y Desarrollo Sustentable. (2005). *Primer Inventario Nacional de Bosques Nativos*.

Shahidi, F., & Zhong, Y. (2011). Revisiting the polar paradox theory: A critical overview. *Journal of Agricultural and Food Chemistry, 59*(8), 3499–3504.

Sharma, P. K., Khanna, R. N., Rohatgi, B. K., & Thomson, R. H. (1988). Tecomaquinone-III: A new quinone from *Tabebuia pentaphylla*. *Phytochemistry, 27*(2), 632–633.

Singh, U., & Jialal, I. (2006). Oxidative stress and atherosclerosis. *Pathophysiology, 13*(3), 129–142.

Singleton, V. L., Lamuela-Raventós, R. M., & Orthofer, R. (1999). Analysis of Total Phenols and Other Oxidation Substrates and Antioxidants by Means of Folin-Ciocalteu Reagent. *Methods in Enzymology, 299*, 152–178.

Slater, T. F. (1984). Free-radical mechanisms in tissue injury. *The Biochemical Journal, 222*(1), 1–15.

Slater, T. F. (1987). Free radicals and tissue injury. *British Journal of Cancer, 55*(8), 5–10.

Smith, M. A., Rottkamp, C. A., Nunomura, A., Raina, A. K., & Perry, G. (2000). Oxidative stress in Alzheimer's disease. *Biochimica et Biophysica Acta - Molecular Basis of Disease, 1502*(1), 139–144.

Taiz, L., & Zeiger, E. (2010). Secondary Metabolites and Plant Defense. En *Plant Phiysiology* (Vol. 1, pp. 284–307).

Teixeira, T. L., Teixeira, S. C., Vieira da Silva, C., & de Souza, M. A. (2014). Potential therapeutic use of herbal extracts in trypanosomiasis. *Pathogens and Global Health, 108*(1), 30–36.

Thomson, R. H. (1971). Naphtaquinones. In *Naturally Occurring Quinones* (2nd ed., p. 203). London, England: Academic Press.

Tripathi, P., & Shukla, A. K. (2007). Emerging Non-Conventional Technologies for Control of Post Harvest Diseases of Perishables. *Fresh Produce, 1*(2), 111–120.

Upston, J. M., Kritharides, L., & Stocker, R. (2003). The role of vitamin E in atherosclerosis. *Progress in Lipid Research, 42*(5), 405–422.

Valdés-Iglesias, O., Díaz, N., Cabranes, Y., Acevedo, M. E., Areces, A. J., Graña, L., & Díaz, C. (2003). Macroalgas de la plataforma insular cubana como fuente de extractos bioactivos. *Avicennia, 16*, 36–45.

Valencia, E., Ignacio, I., Aviles, E., Bartolomé, M., Martínez, H., & García, M. (2017). Polifenoles: propiedades antioxidantes y toxicológicas. *Revista de La Facultad de Ciencias Químicas de Cuenca, 16*, 15–29.

Vazquez-Flores, A. A., Alvarez-Parrilla, E., López-Díaz, J. A., Wall-Medrano, A., & de La Rosa, L. A. (2012). Taninos hidrolizables y condensados: naturaleza química, ventajas y desventajas de su consumo. *TECNOCIENCIA Chihuahua, 6*(2), 84–93.

Venereo Gutiérrez, J. R. (2002). Daño oxidativo, radicales libres y antioxidantes. *Revista Cubana de Medicina Militar, 31*(2), 126–133.

Vio-Michaelis, S., Apablaza-Hidalgo, G., Gómez, M., Peña-Vera, R., & Montenegro, G. (2012). Antifungal activity of three chilean plant extracts on *Botrytis cinerea*. *Botanical Sciences, 90*(2), 179–183.

Whiteside, J. O., Garnsey, S. M., & Timmer, L. W. (1988). *Compendium of citrus deseases*. (T. A. P. Society, Ed.) (1st ed.). St. Paul, Minnesota.

Williamson, B., Tudzynski, B., Tudzynski, P., & Van Kan, J. A. L. (2007). *Botrytis cinerea*: The cause of grey mould disease. *Molecular Plant Pathology, 8*(5), 561–580.

Wisniewski, M., Wilson, C., El Ghaouth, A., & Droby, S. (2001). Non-chemical approaches to postharvest disease control. En *Proceedings of the 4th Int. Conf. on Postharvest* (Vol. 1, pp. 407–412).

Zapater, M. A., Califano, L. M., Del Castillo, E. M., Quiroga, M. A., & Lozano, E. C. (2009). Las especies nativas y exóticas de *Tabebuia* y *Handroanthus* (tecomeae, bignoniaceae) en argentina. *Darwiniana, 47*(1), 185–220.

Zhishen, J., Mengcheng, T., & Jianming, W. (1999). The determination of flavonoid contents in mulberry and their scavenging effects on superoxide radicals. *Food Chemistry, 64*, 555–559.

yes I want morebooks!

Buy your books fast and straightforward online - at one of world's fastest growing online book stores! Environmentally sound due to Print-on-Demand technologies.

Buy your books online at
www.morebooks.shop

¡Compre sus libros rápido y directo en internet, en una de las librerías en línea con mayor crecimiento en el mundo! Producción que protege el medio ambiente a través de las tecnologías de impresión bajo demanda.

Compre sus libros online en
www.morebooks.shop

info@omniscriptum.com
www.omniscriptum.com

Printed by Books on Demand GmbH, Norderstedt / Germany